网络与新媒体传播核心教材系列

丛书主编 尹明华 刘海贵

网络空间导论

李良荣 方师师 主编

复旦大學 出版社

丛书序

尹明华　　刘海贵

互联网对新闻传播业的影响之深、之大、之广，我们有目共睹。不仅业界深感忧虑，学界亦坐立不安。互联网的迅猛发展甚至引发了国家层面的系列行动，如互联网＋战略、工业4.0计划等，旨在在新的环境中谋求长治久安之道。

就新闻传播教育来说，2011年教育部开始启动新的专业建设，如网络与新媒体专业、数字出版等，短短五六年，前者已经超过百家。

然而，招生容易，培养不易。从全国范围看，新的专业面临着三难：课程不成体系、教材严重滞后和师资非常匮乏。以复旦大学新闻学院为例，近几年来，通过充实教师队伍、兴建新媒体新实验室、资助新的研究项目等手段，尽管情况有所改善，但面对快速变化的网络和新媒体实践，仍然有些力不从心。

如何破解互联网所带来的冲击？面对这一时代命题，作为教育战线工作者，我们认为，以教材优化驱动课程升级，以课程升级带动教学改革，应该是一条良策。基于这一设想，我们推出了"网络与新媒体传播核心教材系列丛书"。

经过审慎细致的思考和评估，这套教材的编写遵循如下四个原则。

第一，系统性。表现在两个方面：一方面，整个系列既包括理论和方法教材，也包括业务操作教材，兼顾业界新变化；另一方面，每种教材尽量提供完整的知识体系，摒弃碎片化、非结构化的知识罗列。

第二，开放性。纸质教材的一大不足就是封闭化的知识结构，难以应对快速发展的网络与新媒体实践。为此，在设计教材目录之时，将新的现象、

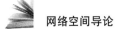

新的变化以议题的方式列入其中,行文则留有余地,同时配以资料链接,以方便延伸阅读。

第三,实践性。网络世界瞬息万变,本系列尽量以稳定和成熟的观点为主,同时撷取鲜活、典型的案例,以贴近网络与新媒体一线。

第四,丰富性。从纸质教材到课堂教学,是完全不同的任务。为方便教师授课,每本教材配套有教材课件、案例材料和延伸材料。

万事开头难,编著一套而且是首套面向全国的网络与新媒体教材丛书,任务艰巨,挑战很大。但是,作为全国历史最悠久的新闻学院之一,我们又有一种使命感,总要有人牵头来做这件事情,为身处巨变之中的新闻传播教育提供一种可能。这种责任感承续自我们的前辈。

早在1985年,复旦大学新闻学系(新闻学院前身)就在系主任徐震教授的带领下,以教研组的名义编写出版了一套新闻教材,对于重建新闻传播教学体系影响深远,其中的一些品种在经历了数次修订后,已经成为畅销不衰的经典教材。

参加编写这套网络与新媒体核心教材系列的人员,来自复旦大学新闻学院的10位教授、3位副教授等,秉承同样的传统和理念,他们尽己所能为新时期的新闻传播教育贡献智慧。我们不敢奢望存世经典,只期待抛砖引玉,让更多的专家、学者参与其中,为处于不确定中的新闻业探索未来提供更明晰的思考。

目　录

前　言

　　互联网在信息社会中的重要地位如同发动机,引发并促进技术革命、传播革命、产业革命和社会革命,我们生活的各个层面都被吸纳进来并重新组织架构。这样的改变渗入社会肌理,潜入文化深层,成为不折不扣的生态环境。但对于这样一种颠覆性的变化,我们依然知之甚少。

　　基于此,我们尝试以"网络空间"作为理论视角和切入点,重新审视和思考这一技术特征与社会逻辑。本书采用了整体规划、章节独作的形式,一方面体现教材逻辑的一致性与完整性,另一方面则是契合互联网研究多元并包、各取所长的思路。本书共分为五个层次、十个章节。

　　第一个层次是"定义网络空间",主要包括第一章绪论。其中阐述了网络空间的概念、特征、理论化目标以及对于网络空间的基本判断。

　　第二个层次为"技术驱动的空间再造",主要包括第二、三章。开篇从互联网基础的技术性出发,以一个较为清晰的脉络呈现网络空间技术是怎样一步步建构起了"网络空间"这一实体性的存在。同时,将网络技术与网络应用置于 Web 1.0 到 Web X 的代际划分中,阶段性地展现互联网应用的迭代与更新。这样的划分也符合一般对于互联网发展路径的认知。

　　第三个层次为"网络空间的结构重组",主要包括第四、五章。这两章分别从网络社群和媒介融合两个角度切入"网络空间"的组织特征,体现出网络空间对于现实世界连接形态和协作方式的改变。

　　第四个层次为"网络空间与现实互动",主要包括第六、七、八、九章。如果说前面两个层次是在技术和抽象的层面讨论网络空间,这部分则从具体的社会实践与互动出发,综合体现网络空间与现实社会之间深度渗透、密不可分、相互建构的情境与内容。此部分涉及传播学、政治学、经济学与文化

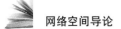

研究,可以说既简明扼要同时又全面覆盖网络空间的学科分析维度。

第五个层次为"网络空间的治理想象",主要包括第九、十章。这部分是"网络空间"原生的问题和治理的方案,它不仅具有全球性特征,同时还非常具有中国特色,可以说是"网络空间"研究目前最值得思考和探索的前沿,虽具有诸多不确定性,但也伴随大量机遇。

可以说"网络空间"始终处于持续不断的发展演进中,我们的思考无法穷尽,更不能下决断。本书尝试搭建一个新的框架,用以在教学和实践中继续发掘和充实,并期待激发更多新知识、新观点、新思想。

2018 年 4 月

复旦大学新闻学院

第一章

网络空间绪论

　　而今再提互联网已不是新技术，但"网络空间"却是新想象。互联网从20世纪60年代末在美国诞生伊始，到90年代在世界范围内迅速普及，近3至5年来，移动互联网、云计算、大数据、人工智能、物联网等新技术、新算力层出不穷，人们更是与互联网紧密连接并且不断刷新使用体验。对于互联网这项既熟悉又不断迭代的技术样貌，其本质特征与现实影响如何，已有较多的研究。但是对于经由互联网技术形成的某种实体性的存在，由于一直处于不断的变化与发展过程中，因此理论化的难度较高。

　　但另一方面，随着线上行为与线下实践的日益融合，多种问题以跨界、越界、外溢的形态为我们的现实生活提出了严肃的挑战。互联网上的个人信息数据如何保护，算法推荐的系统偏见如何规避，自动驾驶的合规性如何界定，网络恐怖、网络犯罪如何跨国打击等，都是在原有的政治框架、社会框架以及技术框架下无法独自、完全解决的。不仅我们既有的视角、理论需要更新，国家、社会的组织结构、功能定位、法律规则等都需要重构。

　　因此我们希望通过提出网络空间这样的一个具有概括性的概念，将这些新出现的问题与现象置于其中，通过研究不同的行为主体在这一空间中的互动，找到其规律和特征，为以后的学习和理解做出基础的探索。

一、网络空间及其特征

　　本书提出的"网络空间"，是指多种行为主体基于互联网技术的持续演化发展，通过创新式实践最终形成的数字化现实。它包含了传统意义上的赛博空间与网络社会,但更重要的是,"网络空间"跨越虚拟与现实之间的二元划分,以一种构建和发展的视角来重新审视和理解这一全新的人类生存形态。对于"网络空间"的理解一般有三种主要观点:第一,认为网络空间是一种依靠技术驱动形成的信息载体,主要体现在对互联网基础设施、技术功能、技术要点以及技术实现方面的关注;第二,网络空间是一种"虚拟现实",使用者会有"线上"和"线下"之分,存在线上与线下行为、心理等不一致的情况;第三,网络空间具有一定的"后现代"特征,比如去中心性、流动性、扁平化、边缘再中心化等特征。对此,我们较倾向于认为,这些确实是对"网络空间"颇具洞见的观点,但我们更希望通过对"网络空间"这一概念的系统分析,形成一个更加具有综合性、建设性与建构性的理论工具和观念形态。具体而言,"网络空间"主要具有以下四种特征。

第一,**技术驱动的数字模式**。"网络空间"是依托互联网基础设施与底层代码的数字化模式。这一技术目前处于突飞猛进的状态,而且越来越复杂的技术水平、越来越精致的理论模型、越来越智能化的功能应用推动这一模式不断进化。

第二,**体现时空形态的巨变**。"网络空间"不仅包括了虚拟空间与现实空间,同时还涵盖人类生存的时间性和空间性,即"网络空间"作为一个多要素相遇的界面,承担起了历史与现实、结构与功能、思维与实体的叠加和撞击,最终相互共存。

第三,**表征现实的互动建构**。现实中,互联网以时间序列取代了地理延展,却成就了另外一种社会实践。从技术的创新与普及来看,新技术的普及率越高,多元主体的卷入越深,杂糅进来的多样的使用习惯与文化形态就会越复杂,而这些反过来又会对现实世界进行建构。传播创新、社群重构、经济变革等形式进一步拓宽了人类的认知范围与生存方式,这些共同构成了"网络空间"中的行为与实践。

第四,**面向未来的可能想象**。"网络空间"中,事件与时刻的"涌动"瞬息万变,斑驳复杂。互联网是一种技术存在,但它更关乎主体的身份认同、互动模式和权力关系。边缘的再中心化,弱势对强势的逆袭,个体对集体的挑战,单点对整体的撬动,这些既是"网络空间"中的规则,也是未来的数字秩序,是人类在网络空间中栖息的可能性。

二、网络空间的理论化目标

大量现实世界中离奇且难以想象的情形,在网络空间中却顺理成章。网络空间制造了很多"景观",而其本身亦正成为"景观"。基于此,本书尝试从"网络空间"这一整体性的概念切入,给这些纷繁且复杂的讨论一个立足展开的支撑。作为对于现实理论化的尝试与多种学科概念的交汇点,本书力图从不同角度、多个层次、全面立体地展现当前互联网在技术应用、组织架构、政治经济、媒介文化、网络素养、安全治理等方面的最新进展与深层影响。主要目标有四个。

第一,现实的理论化。对于互联网的论述浩如烟海,如果从技术/社会、宏观/微观、现象/权力、抽象/具体等多个角度进行切割,每个视角至少可以提供一定的洞见。而集合起这样不同角度的认知,对于全面深入地理解互联网及其所引发的社会影响,是不得已但又最现实的取向。因此,本书力图从不同角度对现实的诸多层面进行理论化尝试,通过这样自下而上的经验与理论的勾连,梳理出逻辑脉络,来管窥这水晶球与万花筒。

第二,提出关键问题。本书希望通过对网络空间中新出现的具有争议性的问题进行初步探索,提出网络空间研究的关键问题。这些问题分散在不同行业和领域,之前并非都在新闻与传播学科的视阈之内。但是基于网络空间这一提法的研究,希望这一覆盖范围可以扩大,囊括更多具有时代性和现实意义的话题,这既是互联网给当前社会带来的重大变化,也是我们研究所需要的突破。

第三,拓展学科边界。互联网极大程度地激发了人类的创造力,不仅体现在实体技术的研发与构造中,也体现在对事物认知的层面与程度上。面对互联网这一无所不包、融合流动的技术特征,本书希望在借用来自不同学科理论资源的同时,对其进行评述分析,进而提出疑点、难点,并反观自身学科的理论边界。

第四,激活研究思路。理论研究是为了更好地认识事物,那些处于事物交汇之处的活的概念具有令人激动的解释力与潜力。本书希望通过对不同层次与角度的理论和方法的深耕,激活那些可能因为过于超前以至无法落地的研究思路,拓展出新的实践空间。

本书为"网络空间"这一较为复杂的综合概念提供了一系列观察视角，主要分为技术层、传播层和社会层三个主要方面。技术层主要涉及网络空间的技术演化，包含技术基础与技术应用的发展与更迭；传播层主要涉及在网络空间中形成的传播与关系模式，分为传播主体、传播渠道与传播生态三个主要部分，体现在传播群体的重构、传播媒介的融合、舆情生态的演变上；社会层涉及网络空间与现实空间的重叠与互渗，从数字经济、网络文化、网络安全、网络理政四个角度综合分析网络空间作为一种"颠覆创新的力量"对现实空间的深刻影响，而在这一过程中，网络空间也在不断变化，网络也逐渐成为一种"现实"。

三、对网络空间的基本判断

本书将网络空间划分为技术特征、组织结构、话语方式、经济形态、文化变迁、空间治理六大核心层面，对基础的物质层到人的行为层再到集体的实践层三个递进的层次进行分析。对于网络空间我们有以下六个基本判断。

第一，网络空间是由技术与数据驱动的，未来算法、算力和数据将构成网络空间的核心竞争力。

第二，网络空间中行为主体的组织结构与互动关系将处于永恒的变动之中，去中心化和再中心化会交替出现。

第三，网络空间中的符号、话语、文化样式与网络技术形态、用户属性、法律法规、平台规则等密切相关，网络空间将形成自己的文化风格与信息传播方式。

第四，网络空间中的共享经济、加密货币等经济金融新形式将改变传统社会的商业形态，一些行业将面临盈利模式和操作模式的洗牌，而一些创新性的开拓则会带来新的机遇。

第五，网络空间治理将成为未来国际间实力竞争与博弈的重要组成部分，"网络强国"作为未来的国家战略政策，将全方面覆盖硬件、软件和内容方面的建设。

第六，网络空间未来必然走向法制化、规范化。网络空间作为未来人类生活栖息的"命运共同体"，其秩序需要多利益攸关方协同共建。

第二章

网络空间技术

互联网诞生以来，每一个技术的变化都深刻地改变着我们的生活习惯与思维方式。如今，我们习惯于被网络和数据包裹，习惯于享受新技术带来的各种震撼，沉浸在网络空间中无法自拔。"网络空间"概念强调的是网络技术塑造的新时空：我们已经无法逃离这个空间，线上、线下已经融为一体；我们穿梭在各种数据中，成了真正的"网络人""数据人"。

从技术的角度上看，网络空间的形成经历过一次革命性的转向：从"IT"(Information Technology)的"T"(技术)转向"I"(信息)。因此，网络空间技术的发展大致可以划分为三个阶段。

第一，网络空间奠基阶段，即 PC 互联网阶段。这一时期从计算机的物质设备和通信技术两方面实现了"网络互联"，跨越时空的连接成为可能，处于世界不同地点的人通过互联网能够相互交流、建立联系，这为网络空间的发展奠定了基础。

第二，网络空间形成阶段，即移动互联网阶段。移动终端的普及、移动网络技术的发展、移动应用与人机交互手段的开发，使得互联网实现了"便携性"，即移动互联网。移动互联网可以让人们时刻沉浸在网络海洋中：一方面打破了时间线的固有形态，所有的碎片时间都被加以利用；另一方面消除了物理空间的隔绝，人们不用局限于在某一固定空间内使用互联网，不用在意场景的改变而实时在线。

第三，网络空间变革阶段，即物联网阶段。这一阶段真正开拓了网络空间的内容，将网络的价值从技术转移到数据，通过数据的运用真正实现了网络空间对现实生活的裹挟,达到物物互联。物物互联带来线上与线下界线的不断消弭,新的网络场景不断涌现。

第一节　PC 互联网:网络空间的奠基

PC 互联网的发展有两条线索:一是计算机设备技术的发展,二是通信技术的发展,两者相辅相成。计算机设备的发展是网络空间的物质基础,通信技术的发展使网络互联成为可能,二者联通建立了一个汇聚的信息空间(参见图 2-1)。

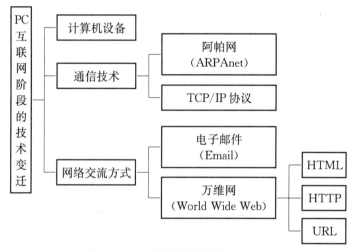

图 2-1　PC 互联网阶段的技术变迁

一、物质基础:元器件与计算能力

计算机设备的发明最早出于研究目的,用以满足科研或军事需求。世界公认的第一台电子管计算机是美国爱荷华州立大学物理系时任副教授的约翰·阿塔纳索夫及其学生克利夫·贝瑞,于 1942 年面对线性偏微分方程组的繁杂计算所研发的阿塔纳索夫-贝瑞计算机。1943 年,美国国防部为了计算第二次世界大战中的弹道,成立了"弹道研究实验室",研发了埃尼阿克电子计算机,这也是第一台通用计算机。

其后计算机的发展继续围绕着如何提升计算能力展开。1945 年,被誉为"计算机之父"的约翰·冯·诺依曼提出"关于 EDVAC(Electronic Discrete Variable Automatic Computer,离散变量自动电子计算机)的报告草案",建议用二进制代替十进制,同时运用运算器、逻辑控制装置、存储器、输入和输出设备五项设备实现了程序存贮,使计算机可以自动从一条指令转到执行另一条指令。

与此同时,计算机的元器件也在不断更新,一方面为了保证计算机的高速运转,另一方面减小计算机的体积与能耗。1954 年,IBM 公司以晶体管代替原来的电子管,研发了第一台晶体管计算机 TRADIC(Transistor Digital Computer);1962 年,IBM 公司采用集成电路研制了第三代计算机 IBM 360 系列;20 世纪 70 年代超大规模集成电路计算机问世……计算机的基础功能在不断完善,运用计算机的人群也从原来的专业研究人员扩散到普通的社会人群。

1997 年,苹果公司研制的 Apple II 以一种家用电器的外形在公众心目中创立了个人计算机的视觉概念。1981 年,IBM 研发了第一部桌上型计算机型号 PC,从技术角度上实现计算机进入千家万户的可能,我们所熟悉的个人计算机(personal comupter)一词也源于此。

计算机设备的不断升级是网络空间得以形成的基本物质基础,如果没有基础的计算机终端设备,网络互联通信也就缺乏了介质。正因为计算机设备的更新换代,才使得技术先驱们可以进一步开发不同计算机之间相互通信、彼此传输信息的功能。

二、通信技术:阿帕网与网络通信协议

通信技术的发展是计算机之间的数据传输、资源共享成为可能。第一个"资源共享计算机网络"就是学界、业界公认的互联网前身"阿帕网"(ARPANET)。阿帕网对网络空间的意义在于,阿帕网的尝试使计算机的能力不再局限于局部的和定点的使用,而是要找到通信领域的方法。在某种程度上可以说,当代计算机产业和通信媒体的融合趋势,大抵就是从那个

时期开始的①。

(一) 阿帕网：分布式网络

阿帕网是互联网的前身，它是美国国防部在冷战初期为了解决美国军队的通信网络问题而研发的。阿帕网的创立主要有两个目的：一是为了防止美国的军队通讯网路因为中央控制而遭到破坏，二是要在技术上保持领先地位。1958 年，时任美国总统的德怀特·戴维·艾森豪威尔向国会提出建立国防部高级研究计划署，其中信息处理技术办公室则专门负责研究网络技术。

阿帕网的核心目标是告别中央控制，采用一种分布式的网络模型，在每一台电脑或者每一个网络之间建立一种接口。在这种网络模型里，所有电脑都是平等的，网络通信在不同的站点中传送。在整个通信过程中，分布式网络只关心最终把数据送到目的地这一效果，而不关心从哪条路线把数据送到的过程②。

1969 年底，阿帕网正式投入运行。最初的阿帕网在美国加州大学和斯坦福研究院的 4 个节点之间运行，1971 年 1 月发展为 10 个节点，1981 年连接到阿帕网的主机数增加到 213 个，1984 年增加到 1 024 个，截至 1990 年阿帕网退出历史舞台时，其连接的主机数达到 313 000 个。在这期间，关于阿帕网曾设立新的研究项目，将不同的计算机局域网进行连接，这种网络被称为"internetwork"，简称"Internet"，即"因特网"。

(二) TCP/IP 协议：网络运行标准

阿帕网虽然实现了电脑与电脑之间的连接，但是计算机节点建立在接口信号处理机（IMP，Interface Message Processor）与主机连接的基础上，接口信息处理机不仅要进行主机数据格式和信号的转换，还要控制差错，因为硬件、软件设备不兼容的电脑是无法通过阿帕网进行工作的。因此，需要建立一套针对主机的通信协议，保障阿帕网的运行。

1970 年，针对该问题，网络工作小组着手制定主机对主机的通信协议，即网络控制协议（NCP，Network Control Protocol）。作为主机与主机之间

---

① 殷晓蓉：《阿帕对于因特网的贡献及其内在意义》，《现代传播》2002 年第 1 期。

② 郭良：《网络创世纪：从阿帕网到互联网》，中国人民大学出版社 1998 年版，第 39 页。

的通信协议，NCP协议也存在一定的弊端，一旦传输错误，就会终止传输数据。另一方面，NCP协议的开放性存在局限，因此在1972年10月的国际电脑通信大会之后，如何设立"共同的标准"可以真正让不同型号、不同操作系统的电脑和网络互联成为亟待解决的问题。

1974年，文顿·瑟夫和鲍勃·卡恩联合发表了一篇题为《关于分组网络相互通信的协议》，首次提出了TCP(Transmission Control Protocol)的构想，并建立连接不同网络系统的网关，负责在网络之间传输数据。1977年，两人又研发了IP(Internet Protocol)定位电脑地址。TCP/IP协议有明确的分工，TCP负责保障数据传输，如果发现问题，就会发出要求重新传输的信号，直到数据安全传输到目的地为止；IP负责对网络中的众多电脑进行定位，保障电脑方位的准确性。

TCP/IP协议诞生之后，在美国、英国和挪威之间进行试验，数据包在卫星网络、陆地电缆、地面传输中历经各种电脑系统，全程没有丢失一个数据，它的可靠性得到验证。尽管如此，TCP/IP直到1983年1月1日才取代原有的NCP协议，成为因特网上所有主机间的共同协议。至此，互联网上所有主机之间终于有了共同的协议标准，互联网也实现了对所有电脑和操作系统的开放性。中国从1994年开始实现和互联网的TCP/IP对接，逐步开通了对接互联网的全功能服务。

TCP/IP协议不仅树立了互联网传输的规则，它还拥有明确的分层体系结构：TCP属于运输层，IP属于网络层。在这两个层级之外，TCP/IP协议组中还包括各种应用层级的协议，这是TCP/IP体系协议中的最高层，直接服务于计算机用户。在这一层级中，FTP文件传输协议和Telnet远程登录是最重要的两项应用，FTP让用户在非直接使用远程计算机的基础上实现文件共享，Telnet更进一步，实现任何时间、任何地点的电脑使用，超越FTP的文件传输功能，做到"敲自己的键盘，用别人的电脑"[①]。

综上，阿帕网为互联网的发展做了充分的技术准备，在此过程中，网络

---

① 郭良：《网络创世纪：从阿帕网到互联网》，中国人民大学出版社1998年版，第105页。

通信协议显得尤为重要,它为连接不同操作系统和不同硬件体系结构的互联网络提供通信支持,是一种网络通用语言。TCP/IP协议作为一种能为不同操作系统提供相互通信的传输控制协议,使区别于局域网络的广域网成为可能,进一步打破空间隔阂,为网络空间的形成迈出了关键的一步。

三、交流方式:电子邮件与万维网

从现有情况来看,网络交流的方式多种多样,回溯历史,电子邮件和万维网的出现让互联网真正拥有信息的交流。在电子邮件出现以前,信息的传输方和接收方都是计算机,而电子邮件的出现让人们可以通过网络实现人与人之间快速、便捷、广泛的信息交流。尽管如此,电子邮件的信息交流始终局限于私人之间,尚未突破人际关系的界限,直到万维网的出现,让人们可以在网络上寻找自己需要的信息,实现信息的完全共享,为网络空间注入了丰富的内容。

(一)电子邮件:通信方式变革

电子邮件的发明是为了满足信息共享需求,研究人员发明了电子邮件,真正意义上改变了人们沟通信息的方式,并推动了人与人之间信息的交流。之后随着个人电脑的兴起,电子邮件也成为互联网使用频率最高的功能。

世界上第一封电子邮件是由雷·汤姆林森于1971年秋天发出的,当时他正参与阿帕网的建设和维护工作,想编写一个小程序,把程序的文件转移协议与另一个程序的发信和收信能力结合起来,从而使一封信能够从一台主机送达到另一台主机上。于是,第一封电子邮件诞生了。汤姆林森当时用"@"分割用户名和计算机名,选择"@"是因为它是电脑键盘上唯一的一个介词,也不存在26个字母中,不会造成与邮箱用户名相混淆。第一封电子邮件诞生的具体日期和内容汤姆林森已经不记得了,也许是类似于"QWERTIOP"这样一串随意在电脑键盘上敲打出来的字母,但是这种通信方式却在无意间改变了人们日后的沟通习惯,带来一个全新的沟通工具。汤姆林森也因此入选首届互联网名人堂,被誉为"电子邮件之父"①。

根据 RFC822 文件,电子邮件的文本信息格式被标准化了。电子邮件的地址必须包括用户账号、"@"分隔符和接收邮件的服务器域名,之后根据不同的电子邮件协议进行发送。电子邮件的研发标志着可以完成任何符号、信号、文本、图像、声音、数据及其他形式信息的电子通信,实现了网络社会中人与人之间的通信需求。

目前比较普遍的电子邮件协议包括 SMTP 简单邮件传输协议、POP3 邮局通讯协定第三版和 IMAP 消息访问协议,这三种协议都是建立在 TCP/IP 协议基础上,分别对应服务器之间的电子邮件传送、客户端对服务器的电子邮件管理以及客户端对电子邮件的连接与脱机操作。

(二)万维网:信息组织变革

电子邮件满足了个人之间的信息交流需求,但是这种交流仍然局限在私人之间,还未到达公共层面。1990 年,美国国防部正式取消阿帕网,由美国国家科学基金会这一独立机构接管互联网。在《结束阿帕网》的报告中,有这样一句话,"阿帕网计划在很大程度上直接支持,并且推动了电脑科学的发展,而阿帕网本身的真正来源也即是电脑科学"②。

直到万维网的出现,电脑科学的发展迎来一个新阶段——信息组织的新方式。万维网的创始人蒂姆·伯纳斯-李在大学期间成功研制了名为"探寻者"的浏览器,用于数据共享与浏览。与此同时,他也着手研究建立一个全球范围信息共享的网络,即一个合理的信息系统。伯纳斯-李把当时的一些技术链接在一起,建构了万维网的信息检索、传输与定位方式。

1. HTML 超文本标识语言

超文本标识语言最早由万尼瓦尔·布什于 1945 年提出,目的是建立一套合理的信息系统和结构扩充人的记忆能力。世界上真正成功运行的"超文本编辑系统"是由 IBM 资助、安德里斯·范·达姆完成。不过按照伯纳斯-李的叙述,早期的 HTML 文件是由数据库管理,只能链接本地文件,外

---

① 澎湃新闻:《74 岁电邮之父汤姆林森离世 他让邮件有了@》,http：//www.xinhuanet.com/info/2016-03/07/c_135162123.htm。

② 郭良:《网络创世纪:从阿帕网到互联网》,中国人民大学出版社 1998 年版,第107—108 页。

人无法获取也无法提供信息。

2. HTTP 超文本传输协议

超文本传输协议控制网络的传输提供了发布和访问超文本信息的功能。通过 HTTP 协议,万维网上的信息可以传输到本地浏览器,可以说 HTTP 是一个应用程序协议的分布式的、协作的超媒体信息系统。该协议自 1990 年提出后在全球范围内被广泛使用。

3. URL 统一资源定位符

统一资源定位符是伯纳斯·李发明的字符串,通过这些字符串可以对万维网上的一切资源进行定位,锁定地址。URL 的命名一般基本 URL 包含模式(或称协议,如 http、ftp 等)、服务器名称(或 IP 地址)、路径和文件名。

万维网的主要特征是通过超文本链接的方式把互联网上的众多信息联系在一起,全世界的电脑都可以用共同的标准命名文件和地址,每一个万维网网站都获得了唯一的地址,真正实现了信息的全球共享。可以说万维网的诞生让网络信息有了新的组织方式,电脑的功能也渗透到日常生活中来。

四、PC 互联网:网络空间的奠基

PC 互联网阶段,计算机设备为网络空间形成提供了物质基础,通信技术发展使网络互联成为可能,而网络交流方式为网络空间注入了实质性的内容,并逐步改变了人与人之间信息交流的方式。

PC 互联网阶段的网络空间,其最大的特点是开放性。一方面,它实现了网络的交流功能,正如麻省理工学院电脑科学实验室高级研究员 D. 克拉克所言,"把网络看成是电脑之间的连接是不对的。相反,网络把使用电脑的人连接起来了……我们不能忘记我们来自哪里,不能忘记我们给更大的电脑群体带来的巨大变化,也不能忘记我们为将来的变化所拥有的潜力"[1]。另

---

① Malkin Gary, "Who's Who in the Internet: Biographies of IAB, IESG and IRSG Members," *FYI RFC*, 1992.

一方面,从技术角度来说,这个网络空间不是为某一固定需求设计的,而是逐渐成为一种可以接受任何新需求的空间,既然能够接受任何需求,这个网络空间必然是开放的,对用户开放,对提供服务者开放,对提供网络者开放,更对未来的改进开放。

当然,PC 互联网阶段的网络空间也有其局限性,最明显的局限即受制于计算机终端,人们必须固定在计算机旁才能进入网络空间获取需要的资源,这使得网络空间与现实空间的连接不够紧密,线上、线下界限分明,与后续的移动互联网阶段相比,人们对网络空间的感知不强,网络空间尚未形成对个人生活的包裹感。

第二节　移动互联网:网络空间的形成

互联网作为新兴发展的技术手段,实现了全世界的信息共享。但是,在 PC 互联网阶段,网上、网下界限分明。直到移动互联网在接入互联网的方式上进行创新,加强了与人的联系,提高了网络的服务性,帮助用户建立了一种"永远在线"的新生活方式,人们才意识到自己已经身处在所谓的"网络空间",网上、网下的区隔消除,因此在移动互联网阶段,网络空间才算真正意义上形成。

根据《移动互联网白皮书》的定义,移动互联网是指以移动网络作为接入网络的互联网及服务,包括三个要素:移动终端、移动网络和应用服务[①]。结合当下移动互联网的发展,可认为移动终端是移动互联网发展的物质基础;移动网络技术和应有服务的发展在原有 PC 端基础上进行改良创新,更加满足个体的生活需求。值得一提的是,在移动互联网阶段,移动终端已经不再如 PC 一样仅仅作为进入网络空间的入口,而是与人的感官体验融为一体,人机交互的新模式加强个体与网络空间的连接度和融合度(参见图 2-2)。

---

　①　中国工业和信息化部电信研究院:《移动互联网白皮书(2011)》,http://www.miit.gov.cn/n1146312/n1146909/n1146991/n1648536/c3489473/content.html。

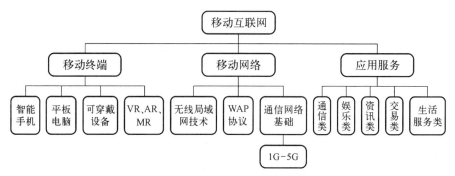

图 2-2　移动互联网的结构架构

一、移动终端普及：小屏幕看世界

移动终端是移动互联网发展的物质基础,终端的每一个改变都会影响移动互联网的格局与发展趋势,根据终端的发展历史可以将其分为三类:智能手机、平板电脑和可穿戴设备。

（一）智能手机

世界上第一个使用触摸屏的智能手机是由 IBM 公司研制并于 1993 年发布的 Simon。智能手机和传统手机的区别在于运行系统不再封闭,用户可以自行安装和卸载手机应用软件。真正将智能手机推向新台阶的是美国苹果公司。2007 年苹果公司推出 iPhone 手机。作为一款革命性的产品,iPhone 真正使手机成为互联网的终端设备。

近年来,智能手机的发展日新月异,诺基亚、苹果之后,三星、华为、小米等公司也迎头猛进,智能手机的格局不断变化,唯一不变的是智能手机的出现已经改变了每个人的生活方式,毫不夸张地说,信息时代每个人都是智能手机人。

（二）平板电脑

最早尝试平板电脑的是美国微软公司,2000 年比尔·盖茨在美国秋季电脑展上发表了有关平板电脑的演讲,认为一种和便笺本一样大小、无键盘的便携式电脑将成为“笔记本电脑演化的最终版本”。2002 年,微软正式发布了一台增加了触控笔的平板笔记本电脑,但并未赢得市场。

真正带动平板电脑发展的是苹果公司于 2010 年发布的 iPad 系列。苹果公司对平板电脑的研发也始于 2002 年,乔布斯在与微软高管进餐时第一次了解到有关平板电脑的想法,认为苹果公司也应该介入。不同的是,乔布斯不喜欢触控笔,因此在苹果公司的研发过程中始终致力于用手指控制触屏。2010 年 1 月 27 日 iPad 发布。乔布斯将其定位为不同于 iPhone 和 MacBook 的第三类设备,强调其在邮件、音乐、游戏、阅读等方面能满足更高要求的特质。

iPad 的出现不仅是对个人电脑这一形式的改变,更深刻地说,它在传统的电视、台式电脑、手机屏幕之间建立了"第四屏",成为随身携带的"个人编辑工具及多媒体消费屏幕",将内容、服务、软件融为一体①。

(三)可穿戴设备

可穿戴设备是指综合运用各类识别、传感、连接和云服务等交互及储存设备,以代替手持设备或其他器械,实现用户互动交互、生活娱乐、人体监测等功能的新型日常穿戴设备②。

2012 年,谷歌公司发布谷歌眼镜,正式拉开可穿戴设备市场的帷幕。谷歌眼镜利用红外线视觉传感器观察瞳孔,以此获取消费者正在观看的场景。谷歌眼镜的前部装有麦克风、眼部传感器、无线网卡和蓝牙连接;眼睛右耳位置装有包含骨传导扬声器和电池,右眼位置装有透明视觉棱镜,可以看菜单、读邮件、查看内容和命令选项;右侧眼镜腿是可以发出命令和滚动页面的触摸板。

谷歌以外,三星、苹果等国际科技巨头相继投入可穿戴设备的研发,国内科技公司诸如小米、联想等也投入研发。2014 年,小米第二代手环发布,售价仅为 79 元,它以低廉的价格提供了传统睡眠与运动检测功能,还增加了心率检测,是市面上最便宜的拥有心率检测的手环之一。该产品一经发布,就以极高性价比迅速登上中国可穿戴设备市场排名第一的位置③。

---

①　[韩]韩荣洙等:《iPad 革命:改变世界的第三只苹果》,沈胜哲译,吉林出版集团有限责任公司 2012 年版,第 49—64 页。

②　艾媒咨询集团:《2012—2013 中国可穿戴设备市场研究报告》,《移动通信》2014 年第 7 期。

③　洪京一主编:《移动互联网产业发展报告(2015—2016)》,社会科学文献出版社 2016 年版,第 63 页。

2015 年 4 月 24 日,苹果公司发布 Apple Watch。

可穿戴设备为应用提供了更多的场景、数据以及能力。一方面,可穿戴设备增强了用户捕捉和加工信息的能力,另一方面,可穿戴设备信息的传递和交互更加便捷直接①。从目前的研究来看,全球可穿戴设备销量大幅增长,根据国外市场研究公司 IDC 发布的报告,2015 年全年可穿戴设备销量达到 7 810 万部,同比增长 170.2%,预计到 2019 年全球可穿戴设备出货量将达到 1.734 亿部,年复合增长率为 22%②。

二、移动网络技术:可移动的网络空间入口

移动网络技术是基于移动终端特性对互联网介入方式进行的创新。PC 互联网技术对于体积小、蓄电能力不足、计算能力较弱的移动设备来说并不适用,因此必须建立一套新的移动网络技术,保障移动互联网的流畅使用。常见的移动网络技术包括无线局域网技术、WAP 协议、1G 到 5G 的通信网络技术。

(一)无线局域网技术

无线局域网技术是利用无线技术在空中传输数据、语音和视频信号,将计算机网络和与无线通信技术相结合的产物,应用无线通信技术将计算机设备互联起来,构成可以无线通信和实现资源共享的网络。无线传送方式不仅可以提供传统优先局域网的所有功能,也使终端的移动更加灵活③。

1997 年,美国电器电子工程师学会制定了第一个无线局域网标准,即 IEEE Std. 802.11-1997。1999 年,IEEE 提出了 802.11a 标准,作为原来技术的改进版,同时还发布了一个扩展标准 820.11b。2003 年,新的 802.11g 标准发布。如表 2-1 所示,无线局域网各种标准前期在传输速度上有所提升,其后又在成本、信号支持上进行改进。

---

① 刘思言:《可穿戴智能设备市场和技术发展研究》,《现代电信科技》2014 年第 6 期。

② 洪京一主编:《移动互联网产业发展报告(2015—2016)》,社会科学文献出版社 2016 年版,第 59 页。

③ 姜乐水:《浅谈无线局域网(WLAN)技术》,《信息技术与信息化》2012 年第 5 期。

表 2-1　无线局域网技术各标准比较①

IEEE 标准	802.11	802.11a	802.11b	802.11g
传输速度	1 或 2 Mbps	最高 54 Mbps	最高 54 Mbps	最高 54 Mbps
优　点	/	高速率，支持多用户同时使用	低成本，信号不易受到干扰	高速率，支持更多用户同时使用，信号不易被阻塞
缺　点	/	成本较高，信号容易被干扰	传输速率较低，同时使用的用户较少	成本较高

为了在全球范围推行 802.11 技术产品的兼容认证，1999 年成立的 WiFi 联盟建立了一种基于 802.11 协议的无线局域网接入技术。WiFi 技术实现了较广范围的局域网覆盖，在不需要布线的情况下实现高速数据传输，因此非常适合移动办公的需要。WiFi 的流行首先在笔记本电脑设备中站稳了脚跟，其后逐步运用到手机、平板电脑等其他移动设备中。

（二）WAP 协议

1997 年 6 月，诺基亚、爱立信、摩托罗拉和无线星球四家公司共同组成 WAP 论坛，共同开发适用于移动通信的网络连接技术。1998 年 4 月，WAP 论坛研发出 WAP1.0 版本，随后又相继推出了 WAP1.1 和 WAP1.2 版本。2002 年 8 月，研发了全新变革过的 WAP2.0 版本，增加了对 TCP 和 HTTP 协议的支持，允许无线设备应用现有的 Internet 技术环境②。和传统有线网络相比，WAP 技术简化了传输协议，并将因特网上的 HTML 语言转化为 WML 信息用于移动设备的显示屏上。

（三）通信网络基础：1G 到 5G

如表 2-2 所示，移动通信的技术演变经历了从 1G 到 4G，提供的业务和数据速度都得到了显著提高。从用户使用的角度来看，移动通信系统的演进大大拓展了移动设备的功能。在 1G 时代，移动通信是少数人的福利，用

---

①　吴慧敏：《WLAN 技术概述》，《科技信息》2008 年第 29 期。
②　吴超、苏丽娜：《WAP 协议概述》，参见中国通信学会无线及移动通信委员会、IP 应用与增强电信技术委员会联合学术年会，2007 年。

户只能通过价格不菲的"大哥大"进行电话交流;到了 2G 时代,用户除电话沟通之外,还可以接收、发送短信,加强了人与人之间的沟通;3G 时代,声音传输和数据速度大幅上升,可处理图像、音乐、视频等多种媒体形式,并且可以接通网络,开启了移动信息化时代;如今 4G 时代,网络速度大幅提升,用户被移动互联网裹挟,一种实时的、宽带的、无覆盖的多媒体无线通信深刻影响着人们的日常生活。

表 2-2 移动通信系统的演进①

	1G	2G	3G	4G
年　　代	20 世纪 80 年代	20 世纪 90 年代	2000 年以后	2010 年以后
业务支持	语音	语音和文本	数据服务	移动互联网
主要制式	AMIS/TACS	GSM/IS-95	WCDMA/cdma2000/TD-SCDMA	LTE-Advanced
数据速度	16 Kbit/s	64 Kbit/s	2 Mbit/s	100 Mbit/s

目前,5G 通信技术也已经进入实质规划阶段。国际电信联盟已经确定了 5G 移动系统的路线图。国内根据工业和信息化部的部署,我国的 5G 实验分为两阶段:2015 到 2018 年进行技术研发试验;2018 到 2020 年进行产品研发试验。2016 年 11 月 18 日,在国际移动通信标准化组织 3GPPRAN1 87 次会议上,中国华为公司的 Polar Code(极化码)方案被采纳为 5GeMBB(增强移动控宽带)控制信道标准方案,是中国在 5G 移动通信技术研究和标准化上的重要进展。

三、移动应用服务:场景化的网络空间服务

2011 年,约翰·杜尔在对移动互联网的用户行为研究中提出了移动互联网的"SoLoMo"特点,即社交性、本地性和移动性,认为移动互联网应重视用户需求和体验,激发用户在应用中的互动性与参与性,精确聚焦用户需

---

① 林金桐、许晓东:《第五代移动互联网》,《电信科学》2015 年第 31 期。

求,为用户提供个性化、差异化的服务①。目前移动应用服务已经涵盖日常所需的通信、娱乐、咨询、交易和生活服务五大类,构建了一系列可融入生活场景的网络空间服务。与此同时,随着网络实名制相关规定的出台,这些应用服务已经融入每个用户的生活圈与社交圈。

第一,通信类应用服务,即多种即时通信类软件,包括腾讯公司的微信、QQ,中国移动的飞信,网易的易信,阿里巴巴的旺信等。通信类应用服务目前已经取代了原本的短信业务,尤其是微信的使用,可以同时取代短信及电话功能,加上国内漫游费的取消,真正实现了跨地域通信的便利。

第二,娱乐类应用服务,即各类视频客户端、手机游戏等应用服务。前文所述的移动网络技术是娱乐类应用服务的巨大推动力,无论是视频还是手游,都已成为任何一款移动设备的必备应用服务,生活中随处可见人们低头观赏视频和沉浸游戏的身影。

第三,资讯类应用服务,包括各类搜索引擎(如 UC 浏览器、百度浏览器等)、各类新闻客户端(如搜狐新闻、新浪新闻、今日头条、《人民日报》客户端、新华社客户端等)、手机地图(百度地图、谷歌地图、高德地图等)等。这类应用服务让人们不出家门便知天下事。

第四,交易类应用服务,如移动支付软件、各类手机银行客户端等。在中国市场,交易类应用服务最强劲的莫过于阿里巴巴旗下的支付宝客户端,它几乎可以取代银行实现各类交易和理财服务,同时不断扩展基本生活缴费功能,实现理财、生活、娱乐一条龙服务。

第五,生活服务类应用服务,诸如大众点评、携程旅行、滴滴出行等专注吃喝玩乐服务,这类应用服务的优势在于可以通过实时定位为人们提供有效信息,让人们在生活中寻求服务时不再茫然四顾。

四、人机交互新手段:VR、AR 与 MR 技术

可穿戴设备的出现影响了人机交互的新模式,这是移动互联网阶段在PC 互联网阶段的一大创新。虚拟与现实的区别通过各种技术逐渐变小,

---

① 吴吉义等:《移动互联网研究综述》,《中国科学:信息科学》2015 年第 45 期。

VR(虚拟现实)、AR(增强现实)、MR(混合现实)三种数字感知技术彻底打通了虚拟与现实之间的阻隔。

三者虽然都运用数字感知技术,但原理和作用不同。VR技术是借助计算机图形技术和可视化技术生产物理世界中不存在的虚拟对象,将虚拟世界变成现实世界的组成部分;AR技术是采用计算机图像技术对物理世界的实体信息进行模仿,将现实世界变成虚拟世界;MR则是在虚拟世界和现实世界之间建立一种交互关系,即形成虚拟和现实互动的混合世界[①]。

目前,这种人机交互模式已经开始形成产业,根据美国马纳特数字媒体的报告,全球AR/VR的市值可能将达到1 500亿美元,VR可能达到1 200亿美元,AR达到300亿美元,如Facebook、微软、谷歌、佳能、Go Pro、索尼、三星、HTC等公司都参与其中。

通过VR、AR、MR技术,一种新的人机交互模式形成,人类的感官体验不断扩大,并开始重新认识这个世界。一方面,它们可以让我们看到原本无法感知的事物,另一方面,它们也让我们借助机器随身携带各种事物,让我们分不清何为虚拟、何为现实。移动终端以连接我们感官的形式成为个体身体的一部分,形成一种伴随日常生活实践、伴随身体参与的、落实于具体空间场景的网络空间连接新方式。除此之外,利用VR、AR、MR的技术,可以将虚拟环境中的体验直接转移到真实世界,或者弥补现实世界中的不足,实现网络空间与现实空间的无缝对接,目前已经应用于科研、消费等各个领域。

五、移动互联网:形构网络空间

移动互联网的发展形成了真正意义上的网络空间,移动设备、移动网络技术、移动应用服务及人机交互的手段使个体自由徜徉在网络空间。此时此刻,网络空间不再仅仅是各类信息资源的汇集地,而是与现实空间紧密结

---

① 郝英好:《人机交互新模式,VR/AR/MR产业开始形成》,《新型工业化》2016年第8期。

合的新生活场景,触及个体生活的方方面面。

移动互联网消除了空间的障碍,让人们的网络行为也不用局限于某一固定场景和空间;所有的碎片时间都可以加以利用,线上线下互动频繁;虚拟与现实彼此融合,线下社会关系在网络空间中得以体现,线上线下身份趋于统一;人机交互技术使虚拟体验与现实体验彼此融合,互相补充。

然而,和物联网阶段相比,移动互联网阶段为人们在网络空间里自由徜徉提供了可能,使人离不开、也不想离开网络空间。在此基础上,由于用户在网络空间的时间不断增长,各种网络使用行为所产生的数据也逐渐浩如烟海。这些与个体社会关系、线下身份、习惯偏好有关的数据成为网络空间的又一大资源,亟待开发。

第三节　大数据与物联网: 网络空间的变革

如前所述,移动互联网阶段因为个体与网络空间的黏合度不断增强,沉淀了大量的用户数据,但是这些数据尚未被利用开发。移动互联网仅仅是将它们黏合在网络空间里,真正让这些流淌着的数据焕发意义的巨大变革是由云计算和大数据率先触发,两者结合重塑了互联网,将其变为真正的数据网,开启了"信息化"时代。在这个趋势下,物联网作为"信息化"重要的发展阶段,物物相连充实了网络空间的内容与价值。

一、云计算与大数据

"云计算"与"大数据"二者常常一起出现,容易造成概念上的混淆。事实上,二者在处理信息时重点不同。总的来说,云计算的历史比大数据绵长,是一种可以按需访问的计算资源共享池;而大数据则是一种无论在获取、存储、管理还是在分析方面都大大超出传统数据范围的数据集合。因此,对于"信息化"时代来说,云计算与大数据二者并非完全独立,是相辅相成的。

（一）云计算的概念与标准

真正提出"云计算"概念的是美国南加州大学的印度裔教授拉姆纳特·切诺柏，他在 1997 年将"云"和"计算"组合在一起，提出"云计算"的概念，并指出从此以后，计算的边界将由经济的规模效应决定，而不仅仅取决于技术层面的限制。可以说，云计算的出现把数据存储和数据分析变成了一个可以更加便于获得的网络服务，毫无疑问，这是一个重大的变革。随着它的普及，全世界政府、企业和个人使用、消费信息技术的模式正在被改写①。

美国国家标准与技术学院对"云计算"进行定义，认为云计算必须具备五个基本元素，分别是：通过网络分发服务、自助服务、可衡量服务、资源灵活和资源池化。可以说，云计算的本质是服务提供模型，用户可以随时随地根据自己的不同需求在资源池（包括计算资源、网络资源、存储资源）里进行活动，满足这个特征的 IT 服务都可以称为云计算服务。

目前云计算服务有三类②，分别是：

第一，SaaS（Software as a Service，软件即服务），目标是将网络运行的后台环境放入云端，一般通过 Web 浏览器客户端向用户提供服务，诸如客户关系管理（CRM）系统、虚拟桌面、在线游戏等；

第二，PaaS（Platform as a Service，平台即服务），在 SaaS 的基础上将运行平台作为一种服务提供给用户，诸如开发工具、Web 服务器、虚拟主机等；

第三，IaaS（Infrastructure as a Service，基础设施即服务），是将计算机所有的基础资源都作为服务产品提供给客户，用户可以直接访问底层计算资源、存储资源和网络资源，如操作系统、存储空间、路由器、防火墙等。

（二）云计算的应用现状

第一个应用"云计算"服务的是 1999 年成立的美国公司 Salesforce.com，作为现在公认的云计算先驱，Salesforce.com 致力于提供"客户关系管理"的软件服务，用户可以定制各自所需的应用服务，是 SaaS 理念的一次实践。Salesforce.com 的创始人马克·贝尼奥夫被誉为"软件终结者"。

---

① 涂子沛：《大数据：正在到来的数据革命》，广西师范大学出版社 2014 年版，第 284 页。

② 徐立冰：《腾云：云计算和大数据时代网络技术揭秘》，人民邮电出版社 2013 年版，第 9 页。

Salesforce.com 之后,美国亚马逊公司、谷歌公司、戴尔公司、微软公司等也纷纷投入资金开发自己的云计算服务。在中国,云计算的落地要归功于阿里云。2009 年,阿里云计算有限公司正式成立。2011 年 7 月,阿里云官网上线,开始大规模对外提供云计算服务。阿里云目前提供的产品包括云计算基础服务(如弹性计算、数据库、存储与内容分发网络等)、大数据(如公众趋势分析、DataV 数据可视化等)、安全(云盾)和域名及网站(如云虚拟主机等)。2014 年起,阿里云开始海外拓展,先后在中国香港、新加坡、美国硅谷、俄罗斯、日本等地建立数据中心。目前阿里云仍然保持着强劲的增长势头,根据 2018 年 2 月公布的 2018 财年第三季度(2017 年 10 月 1 日—12 月 31 日)财报显示,该季度阿里云计算收入同比增长 104%,人民币35.99 亿元,相当于每天营收 3 888 万元。截至目前,阿里云共推出 396 种新产品和功能,在中国公有云市场份额排第一,遥遥领先排在其后的腾讯云和金山云[①]。

在阿里云的带动下,中国的公有云市场也不断扩大。据市场研究公司IDC 预计,中国公有云的市场规模到 2018 年将达到 20 亿美元,企业云计算市场蕴含着巨大的潜力。对小型创业公司而言,采用 IaaS 将帮助它们"降本增效"。新兴科技公司的应用开发向云计算平台迁移,将带来更好的灵活性,便于扩容及性能优化[②]。

(三)大数据的特点与意义

大数据的提出源于计算机数据的爆炸,根据 2001 年高德纳咨询公司的研究报告[③],数据的爆炸是"三维的":同类型的数据量在快速增大;数据增长的速度在加快;数据的多样性(新的数据来源和新的数据种类)在不断增加。大数据是指那些大小已经超出了传统意义上的尺度,一般软件工具难以捕捉、存储、管理和分析的数据[④]。过去曾有过数据仓库,大数据则是它

---

① 凤凰科技:《阿里云每天营收 3 888 万元,同比增长 104% | 阿里最新财报解读》,http://tech.ifeng.com/a/20180201/44868083_0.shtml。
② 洪京一主编:《移动互联网产业发展报告(2015—2016)》,社会科学文献出版社2016 年版,第 197 页。
③ 同上书,第 55 页。
④ 涂子沛:《大数据:正在到来的数据革命》,广西师范大学出版社 2014 年版,第57 页。

的延伸。

大数据具备四个"V"的特点：数据量大（volume）、输入和处理速度快（velocity）、数据多样（variety）、价值密度低（value）①。大数据的出现改变了我们的传统思维模式和获取知识数据的方法。首先，大数据作为全数据，改变了长久以来随机样本的习惯；其次，大数据并不强调精确，而是从整体数据的混杂程度中提炼发展趋势；最后，大数据之间没有因果关系，有的只是相关性。

二、物联网与智能物联

物联网被看作是信息领域的又一次重大变革，被认为重新定义了互联网："PC 互联网是'互联网 1.0'，用'搜索引擎'解决信息不对称；移动互联网是'互联网 2.0'，用共享服务 APP 解决'效率不对称'；物联网是'互联网 3.0'，用'云脑'解决'智慧不对称'"②。在网络承继关系的对比中，物联网的智能物联特征得以体现。那么，什么是物联网？

（一）物联网的概念与组成

物联网概念最早于 1999 年由美国麻省理工学院 Auto-ID 中心的凯文·艾什顿教授正式提出："基于网络无线射频识别系统把所有物品通过射频识别等信息传感设备与互联网连接起来，实现智能化识别和管理。"③主要强调传感技术使物品被智能化识别并实现联网传输。2005 年国际电信联盟正式界定了物联网："指通过二维码识别设备、射频识别装置、红外感应器、全球定位系统和激光扫描器等信息传感设备，按约定的协议，把任何物品与互联网相连接，进行信息交换和通信，以实现智能化识别、定位、跟踪、

---

① ［英］维克托·迈尔—舍恩伯格、肯尼斯·库克耶：《大数据时代：生活、工作与思维的大变革》，盛杨燕、周涛译，浙江人民出版社 2012 年版，第 97 页。

② 田丰、张骁：《互联网 3.0：云脑物联网创造 DT 新世界》，社会科学文献出版社 2016 年版，第 2 页。

③ Sanjay Sarma, David L. Brock, Kevin Ashton, *MIT Auto ID WH-001: The Networked Physical World*, Massachusetts：MIT Press, 2001, p. 4.

监控和管理的一种网络。"①除了传感技术等基础设备终端，这个定义侧重了网络链接协议这部分，也阐明了与互联网的网网连接关系。中国工信部将物联网定义为："通信网和互联网的拓展应用和网络延伸，利用感知技术与智能装置对物理世界进行感知识别，通过网络传输互联，进行计算、处理和知识挖掘，实现人与物、物与物的信息交互达到无缝链接，达到对物理世界实时控制、精确管理和科学决策的目的。"②这个定义更明确了物联网在网络空间里物理层面的感知互联相关性，以及与通讯网、互联网的连接关系。

至此，关于物联网的概念界定已逐步清晰。首先，物联网是射频技术（RFID）等"传感网"层面的终端智能化，可实现机器到机器（machine to machine）互联而成的一个机器"社交网"；其次，基于共同标准和可相互操作的通信协议，机器"社交网"与互联网连接组网，实现人与人、人与物、物与物之间的全面互联。然而，一些专家指出，真正物联网概念应该是从理想化的"语义网"的角度来定义和展开阐释的。

1. 语义网

万维网发明者蒂姆·伯纳斯-李在《巨型全球图表》中描绘了理想中的语义网："为了共享，信息被从自然语言中提取出来，并被简化成截然不同的信息元素，而后进行标签，放置数据库。在这一基础形式中，它可以被数以千计的新方式重组为有意义（具语义）的信息分子。"语义是对物联网上的信息及其之间的关系进行描述，从而改善对物的信息的解读。给物的信息添加机器可理解的语义，实现物联网知识的语义化和语义协同是语义物联网的核心内容。结合语义网中的本体和推理技术，通过语义匹配建立语义物联网的协同服务框架、服务过滤和服务评分的语义协同过程，能够为用户提供满足其偏好的最优服务。伯纳斯-李强调："语义网设计师为了使个人信息管理、企业应用集成、全球商业、科技和文化的数据之间的共享变得方便。

---

① I. T. U. Strategy, Policy Unit, "ITU Internet Reports 2005: The internet of things," *International Telecommunication Union*, 2005.
② 工业和信息化部电信研究院：《物联网白皮书（2011）》，http：//www. miit. gov. cn/n1146312/n1146909/n1146991/n1648536/c3489477/content. html。

我们所谈的是数据而非人文资料。"①

凯文·凯利认为,伯纳斯-李的表达是目前所见的对语义网的最好总结,真正的物联网应该是机器设备能读懂数据信息并进一步智能化处理。从理想化的语义网角度来界定物联网阶段,有时也被称为 Web3.0,强调如何使用不同技术来实现信息的有效扩展,从而使业务流程自动化②。也有实验表明,语义协同方法是实现机器空间、物理空间、社会空间和精神空间结合而形成的语义空间,从而获取相关联信息有效手段③。

综上,未来真正的物联网根本在于:在语义空间的交互系统中,实时运行以新方式可重组的信息数据。机器设备能读懂数据信息并进一步智能化处理的真正互联互通物联网到来之前,物联网是不同阶段程度的"物网"。

2. 物网

"物网"是中间缺了一个"联"字的"物联网",这非常直观地体现出它作为物联网发展初期的样貌,侧重于描摹的是物联网最初的"物与机"相连的传感网。

相对理想化的"语义网","物网"要解决物联网"联"的问题。当前,物联网主要是大量行业性和区域性的应用,技术打造的平台之间彼此不融合,此物网与彼物网之间不能顺畅通信。主要原因首先是物联网技术的发展遇到标准化等问题的瓶颈;第二是出于对国家重要信息安全保证的考虑;第三是数据版权问题也相当突出,如此等等使得物联网进一步发展滞缓。

想要解决当前各类物联网系统的互联互通的问题,关键在于采用通用协议和节点互联的互联网思维,将不同的局部小网连接起来,以促进资源共享为发展方向,才能构成全球范围内的真正物联网。

物联网的"联"通问题在技术解决方案上的阻碍正逐渐被各行业专家克

① [美] 凯文·凯利:《技术元素》,电子工业出版社 2014 年版,第 220 页。
② [德] 乌珂曼等编著:《物联网架构:物联网技术与社会影响》,别荣芳等译,科学出版社 2013 年版,第 280 页。
③ 丁亚飞、李冠宇、张慧等:《语义物联网中基于语义空间的语义协同方法研究》,《计算机应用与软件》2016 年第 2 期。

服,在商业化应用上正开发出无限可能的价值,经过二十多年的发展,物联网的传感设备基础建设、体系架构和关键技术各方面都在不断完善中。

(二)物联网架构

对于物联网的架构,国际电信联盟建议以高层架构作为基础,自下而上分为以感(感知层)、传(网络层)、知(云存储与云服务)、用(应用层)四个层次。该架构具有全面感知、可靠传递、智能处理的三大特征(如图2-3所示)。

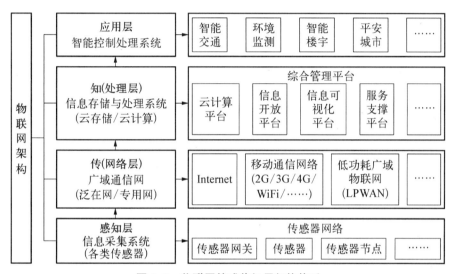

图2-3 物联网的感传知用架构体系

感知层的功能是利用传感器等智能感知终端获取和辨识物体的各种属性(如大小、轻重等)、环境(如温度、湿度等)、行为态势(如速度、方向等)的信息,并将采集到的自然模拟信号转换为计算机能够处理的数字信号。智能终端具有"联网"与"智能"的功能。智能物体都可被视为感知层中的物体。智能终端大体可以分为器物类终端、机器与装备类终端、机构类终端三类。感知层进行采集信息、识别物体,是物联网信息和数据的来源,是物联网应用的基础。

网络层按照一定的通信协议将转换好的数字信号进行编码,然后通过无线网络上传到应用处理中心。该层是物联网信息和数据的传输层,其主要功能是将网络内的信息资源整合成一个可以互联互通的大型智能网络,为上层服务管理和大规模行业应用建立起一个高效、可靠、可信的基础设施平台。网络层包括泛在网和业务专用网。泛在网包括有线网、无线网等,具备经济高效的特征,能够为更多的物联网客户创造应用的条件,提供更高水平的网速、网传质量和无所不在的服务。业务专用网包括微型网、局域网等。业务专用网能够自动化处理业务数据,如应用于智能电网、智能气网、智能水网等专用网络方面。

处理层也被称为服务管理层或应用基础设施的中间件,该层的主要功能是通过具有超级计算能力的中心计算机群,对网络内的海量信息进行存储、分析处理以达到实时智能化管理和监控的目的。如云存储和云服务就是作为海量感知数据的存储分析平台,其业务操作系统软件设置在业务专有云平台上,针对专项业务开发业务关系数据,为相对有规律的业务活动服务。处理层具备动态交付、弹性扩展等云计算的基本特征,是物联网的重要组成部分和应用层众多应用的基础。

应用层是物联网连接用户的接口,该层的主要功能是集成系统底层的功能构建起面向各类行业的实际应用,实现精细和智能化管理与服务。

(三) 物联网关键技术

物联网由各类端传感器、自动控制、信息通信、网络、计算机等多种技术集成的综合系统相互发挥作用。欧盟于 2009 年 9 月发布的《欧盟物联网战略研究路线图》白皮书中列出 13 类关键技术,包括标识技术、物联网体系结构技术、通信与网络技术、数据和信号处理技术、软件和算法、发现与搜索引擎技术、电源和能量储存技术等。以下五种关键技术可以配合图 2-4 所示理解。

1. 传感技术

传感器技术是物联网最为核心和关键的感知技术。如今,射频标签、条码与二维码等技术已经非常成熟,其中射频识别 RFID 技术是目前最为广泛应用的。我国中高频 RFID 技术已接近国际先进水平,在超高频(800/900 MHz)和微波(2.45 GHz)RFID 空中接口物理层和 MAC 层均有更重要的技术突破,与国际技术标准相比,在功能、性能、安全性、灵活性方面具有明显的优势,在该技术的标准制定上就有了话语权。

2. 短距离通信技术

各国际组织不断推动物联网新技术标准的研究。如针对物联网应用场景,IEEE802.11 正在开发工作在 1 GHz 以下频段的 802.11ah 协议标

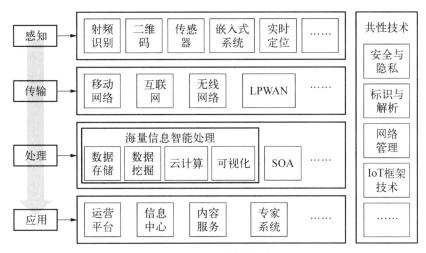

图 2-4 物联网的技术体系

准,目标支持更灵活的速率,如低速率等级,支持上千个节点,支持长时间电池供电等。蓝牙特别兴趣组推出的蓝牙 4.0 版本是优质的低功耗标准模式。

3. 无线传感网络(WSN)技术

无线传感网络由大量部署在监测区域内的廉价微型传感器节点组成,通过无线通信方式形成一个自组织的网络。微传感技术和无线联网技术为无线传感器网络赋予了广阔的应用前景,可在军事、救灾、医疗、家居、商业等不同领域应用。

4. 嵌入式智能技术

物联网的规范要求整个终端设备必须是智能的,因此信息采集设备一般都有操作系统,一般采用嵌入式系统。物联网嵌入式系统是综合了计算机软硬件、传感器技术、集成电路技术、电子应用技术为一体的复杂技术。嵌入式系统技术正借由物联网改变工商业的发展,改善着人们的生活。

5. 机器对机器(M2M)技术

M2M 是一种以机器终端智能交互为核心、网络化的应用和服务。M2M 通过在机器内部嵌入无线通信模块,以无线通信等为接入手段,为客户提供综合的信息化解决方案,以满足客户对监控、指挥调度、数据采集和测量等方面的信息化需求。

(四) 物联网应用

物联网的颠覆性技术创新带来了对产品、装备与制造方式的大面积替代,各类应用服务业进入了大发展时期,呈现出多样化组合的数据服务。应用范围波及工业、金融、旅游、交通、农业、医疗、家居生活等各个领域,延伸到生活的各个方面。各行业、各领域发布的成果也表明人们享受到了快捷、方便、高效、智能的服务(如图 2-5 所示)。

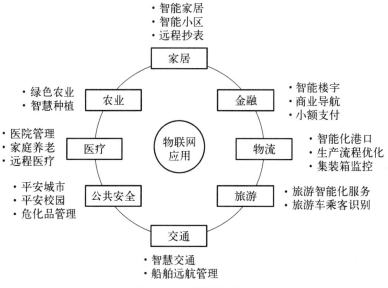

图 2-5　物联网的应用

物联网应用在于智能化。智慧的系统是人类共同建设美好家园的愿景。2008 年底 IBM 提出"智慧地球"概念①,中国 CCTV 的公益广告借用阿基米德的"给我一个支点,我能撬起地球"来诠释物联网的智慧地球对世界的可感可知、互联互通,应用层面的智能洞察反馈,实现所有物的智能化全球信息流动。

目前,对智慧城市的布局是各国实施物联网战略的重点。智慧城市就

---

① IBM 商业价值研究院:《物联网+》,东方出版社 2016 年版,第 1 页。

是利用先进的信息技术,实现城市智慧式管理和运行,进而为城市中的人创造更美好的生活,促进城市的和谐、可持续成长。智慧城市的核心是最大限度地开发、整合、共享各类城市信息资源,让整个城市更透彻地被感知,更全面地互联互通,更深入地智能化。

三、物联网:联结物理与数字世界

"万物互联"的观念和向往由来已久,核心的云计算技术以及网络通信、传感等技术的综合发展,使这一愿望的实现成为可能。

经由传感器等机器设备嵌入物品,使之成为智能终端,将网络的终端由IT设备扩展到生活中的物品,物联网进一步与互联网及其他网络交互共存形成一张新的大网。各个领域急速发展智能化终端,全球各区域也积极布局物联网,整个社会的生产方式发生新变革。

1. 物联网对于网络空间的意义

物联网使物理世界本身成了一种信息系统,是网络空间技术发展的巨大进步,联结起物理世界和数字世界。

物联网通信技术改变了信息通信在人与人之间的沟通范畴,发展到实现人与物、物与物之间的连接,构筑了网络新生态。物联网的自治终端通过网络互联整合,对各种设施进行管理控制,协同系统集成庞大数据库,拥有数据查询、数据比对和数据取用等能力,也意味着具有对日常管理与专项任务的大数据智慧处理能力,人类可以以更加精细和动态的方式管理生产和生活,使资源利用最大化。物联网代表着全新的社会问题解决机会和商业价值实现可能。

2. 物联网的未来

据思科公司的预计,物理世界存在着 1.5 万亿个"物体",其中 99％ 的"物体"最终都会成为某个网络的一部分,与此同时,它们还会以新形式连接上网,连续性变交叉,给各个行业和消费者提供新特征和新能力[①]。

---

① [美]塞缪尔·格林加德:《物联网》,刘林德译,中信出版社 2016 年版,第18页。

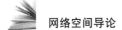

    如上所说,在语义网层面的完全互联互通为时尚早,在数据流隔离、网络安全和控制环方面还有许多问题亟待解决,但在技术层面上的探索未来可期。

第三章

网络空间应用

　　文字的发明引导人类由"野蛮时代"迈向"文明时代";印刷术的发明开启了大众传播时代,加速了封建主义的没落和资本主义的诞生;电报及之后广播和电视的发明使人类信息传播的速度空前迅疾,范围空前广泛,内容空前丰富,人类社会进入电子时代;兴起于20世纪90年代的互联网技术与新传播媒介的勃兴正在重塑我们的世界,极大地改变了社会信息传播的基本格局,将人类文明推向更高级的阶段。在第一章的基础上,本章重点介绍在网络技术发展的不同阶段,网络应用的主要特征。如果说技术演进奠定了网络空间的基础,网络应用更直接使互联网嵌入人类生活中,建构并不断丰富网络空间的形态,拓展人们对网络空间的想象。

第一节　Web1.0:网络传播的兴起

　　如果将互联网的本质看作连接,Web1.0时代开始将人与信息通过互联网平台连接起来,人们开始掌握获取信息的新方式,越来越多的人开始成为网络媒体的受众。从Web1.0时期开始,以互联网作为媒介的新传播形态开始兴起。

一、什么是Web1.0

Web1.0是指单纯通过网络浏览器浏览html网页的模式,这一概念是相对于 Web2.0 提出的。2004 年 10 月召开的第一次 Web2.0 大会上提出了以"用户参与"为主要特征的 Web2.0 概念。由此,2003 年通常被看作是 Web1.0 与 Web2.0 时代的分水岭。Web 是 World Wide Web 的简写,中文称为"万维网",简称"www",其特点是将信息片断无缝地组织成为站点,其中,图像、文本、音频、视频成分可以分散存储于相距甚远的计算机上。1990 年英国人蒂姆·伯纳斯-李发明了万维网,世界上有了第一台 Web 服务器和 Web 客户机。1993 年,伊利诺伊大学学生马克·安德森在美国国家超级计算机应用中心实习时开发出图形界面浏览器 Mosaic,让人们可以方便地访问万维网信息资源。从此,万维网在世界范围内迅速普及,被称为"网中之网",成为因特网应用取得爆炸性突破的关键性条件。

二、Web1.0 的关键技术

通过万维网,互联网上的资源可以在 html 网页里直观地表示出来,并且可以通过超链接技术实现资源之间相互贯通。Web1.0 时代的关键技术主要有网页浏览器和搜索引擎。

(一) 网页浏览器

网页浏览器是一种用于检索并展示万维网信息资源的应用程序。这些信息资源可为网页、图片、影音或其他内容,它们由统一资源标志符标志。信息资源中的超链接可使用户方便地浏览相关信息。网页浏览器的出现为互联网的大规模普及奠定了基础。

(二) 搜索引擎

搜索引擎是为用户提供检索服务的系统。在运行过程中,系统依据一定的策略,运用特定计算机程序搜集互联网信息,对信息进行组织和处理后再将信息显示给用户。在万维网出现之前已经出现了简单的搜索工具与系统,20 世纪 90 年代是搜索引擎发展的黄金时期,搜索技术被不断推进。搜索引擎的出现改变了人们获取信息的方式,人们不再仅仅被动地接收经媒体"把关人"筛选出的信息,而是可以主动寻找自己真正需要的信息。

三、Web1.0 的传播特点

以网页浏览器和搜索引擎技术为基础的互联网 Web1.0 时代,在传播方式上表现出以下三个特点。

(一) 技术创新主导,信息总量剧增

Web1.0 基本采用的是技术创新主导模式,信息技术的运用和变革对于网站的新生与发展起到了关键的作用。例如,新浪最初以技术平台起家,搜狐以搜索技术起家,腾讯以即时通信技术起家。在 Web1.0 时代,少数掌握网络技术的群体,借助商业力量,将信息向网络平台迁移。互联网成为受众获取信息的新平台和新渠道,人们感受到的是信息总量的急剧增长,信息获取较以往的电视、广播和报纸更加及时、全面、精准和便利,大型门户网站和网际搜索引擎在满足受众综合性信息需求的同时,帮助受众在整个互联网的信息海洋中实施导航、检索、诠释和分析。

(二) 人际传播方式拓展,互动性增强

人际传播是网络中最常见的传播形态之一。Web1.0 时代人和人的互动通过电子邮件、网上聊天等形式进行。电子邮件是互联网上最早也是最重要的应用之一,是一种将电话通信的快速与邮政通信的直观相结合的通信手段。与电话和邮政通信相比,电子邮件具有传播速度快、操作便捷、成本低廉、信息传播多样等优势,除了用于人际沟通,在组织机构,如学术机构和企业中也得到广泛应用。

网络聊天是这一时期网络人际交往的另一种主要形式。Web1.0 时代,网络聊天主体为青少年,同传统的沟通方式相比,网络聊天互动性更强,同时具有匿名性和不确定性的特点。

(三) 大众媒体传播格局基本不变

尽管搜索引擎和门户网站的出现拓宽了人们的知识边界,电子邮件和网络聊天提高了人际沟通的效率,但 Web1.0 时代主要的信息提供模式仍以"网站—受众"的线性模式为主,受众通过互联网主要是浏览而不是分享信息,信息的传播者则是少数的公共机构。

以新闻传播为例,互联网出现后,尽管新闻呈现的形式起了相当大的变化,受众接受新闻的载体逐渐向电脑等新科技工具转移,然而此时新闻传播仍然维持少数媒体向多数受众传播新闻的模式,大众媒体传播格局基本不变。

世界上第一家网络报纸是 1987 年于美国创刊的《圣何塞信使报》。当时,这家位于硅谷腹地的报纸捷足先登,把纸质报纸的内容悉数搬上了互联网,开创了网络报纸的新纪元。此后陆续有报纸上网,但远没有形成热点。截至 1994 年年底,美国上网的报纸不过几十家,全世界也不超过 100 家。主要原因是当时网上信息的发送和接收在技术上都还没那么便利。1994 年 12 月,美国网景通信公司推出了具有划时代意义的互联网浏览器 Netscape Navigator 1.0,极大地方便了人们在网上的搜索与浏览,因而激起了第一次用户上网高潮。

世界上第一份中文网络报刊《华夏文摘》于 1991 年 4 月在美国创刊。中国第一份网络报刊《神州学人》于 1995 年 1 月创办,由当时的国家教育委员会主办,通过中国教育和科研计算机网向全球发行,主要是为出国留学人员服务。我国传统媒体大量上网集中在 1997 年到 2000 年,并且在内容上开始注重与线下原有内容的区分,把网络版和电子版改进成为独立和更加具有网络运作特征的网站。

第二节 Web2.0:用户创造与分享的时代

对于网络用户来说,Web1.0 时代,用户的网络使用更多的是一种“观看”:接收少数人提供的网络信息。在 Web2.0 时代,互联网逐渐变成一个任何人都可以参与的平台,人与人之间信息交流的时空界限不断突破,个人信息传播能力不断增强,个人与群体之间通过网络建立起各式关联,互联网进入了用户创造与分享的时代,网络空间的传播和交往形态逐渐清晰。

一、什么是 Web2.0

互联网信息持续增长的同时,网络信息提供者已不仅仅是少数掌握网络技术的商业机构,普通用户加入到内容生产的队伍中来。从 2003 年开始,互联网进入了 Web2.0 时代。在 2004 年的第一次 Web2.0 大会上,Web2.0 被描述为:以互联网作为跨设备的平台,其应用程序充分发挥了平台的内在优势,软件以不断更新的服务方式进行传递,个人用户通过组成群体贡献自己的数据和服务,同时允许他人聚合,以达到用户越多服务越好的目的,通过这种"参与架构",创造出超越传统网络页面技术的内涵,引发丰富的用户体验网络效应。

从技术的角度上看,Web2.0 可以总结为是以 Flickr、Craigslist、Linkedin、Tribes、Delicious、43things.com 等网站为代表,以博客、网络标签、社交网络服务、简易聚合、维基百科等应用为核心,依据六度分隔、长尾、去中心化等新技术与新理论实现的互联网模式。

二、Web2.0 的理论基础

Web2.0 这一概念的理论基础主要包括六度分隔、长尾理论和去中心化理论。

(一) 六度分隔理论

"六度分隔理论"是由美国著名社会心理学家斯坦利·米尔格兰姆于 1967 年提出的,他指出任何两个陌生人之间所间隔的人不会超过六个,也就是说,最多通过六个人你就能够认识任何一个陌生人。这个理论源自一次连锁信实验,斯坦利发现社会中普遍存在一种"弱连接"关系,任何两个素不相识的人,通过一定的方式,总能够产生必然联系或关系。六度分隔理论是 Web2.0 时代社交网络服务建立的基础。

(二) 长尾理论

"长尾"这一概念由《连线》杂志主编克里斯·安德森提出。在 2014 年 10 月一篇名为《长尾》的文章中,他描述了诸如亚马逊和 Netflix 之类网站的商业和经济模式。他认为,只要存储和流通的渠道足够大,需求不旺或销量不佳的产品共同占据的市场份额就可以和那些数量不多的热卖品所占据的市场份额相匹敌甚至更大。长尾理论是网络时代兴起的一种新理论,是对传统的二八定律的颠覆。在 Web2.0 下,公司的利润不再依赖传统的 20% 的"优质客户",而是许许多多数量庞大的原先被忽视的客户。Google

AdSense 这类针对个人与中小企业自助式广告的普遍推行，正是长尾理论在商业领域的成功应用。

(三) 去中心化理论

"去中心化"是指在 Web2.0 的环境之下，分散存储、网格等分布式存储逐渐代替了过去服务器/客户机的"集中存储—指向访问"模式。用户只要在线联机就可以在跨国界、跨疆域的有线或无线网络里实现超越时空的信息共享，打破了传统媒体自上而下的单向线性传播，使用户都能参与到信息传播的过程中去，P2P 技术的广泛应用是这一理念的体现。P2P 是英语"peer-to-peer"的简称，又被称为"点对点"。P2P 技术使得用户可以直接连接到其他用户的计算机去交换文件，而不是像过去一样连接到服务器去浏览与下载，改变了互联网过去以大网站为中心的模式，从而便捷了用户间的网络沟通和直接分享。当前的许多应用，如微软的 MSN Messenger、腾讯QQ、微信等即时通信服务都是十分流行的 P2P 应用。

三、Web2.0 的传播特征

Web2.0 是相对于 Web1.0 而言的新一代互联网模式。它具有以下四个特征。

(一) 用户生产内容(UGC)

用户生产内容是 Web2.0 时代最主要的特征。这一概念最早源于互联网领域，描述用户将自己原创的内容通过互联网平台进行展示或者提供给其他用户的现象。UGC 伴随着 Web2.0 而兴起，使得大众传播时代的"受众"从相对被动的接收者和消费者转变为更加主动的选择者、使用者和产销者，积极利用媒介进行传播实践和内容生产，转变为更加主动的用户。

美国运通公司的客户分析和交互策略专家吉姆·奎内在《Web2.0：是否是一个全新的互联网？》的演说中较为精辟地分析了 Web1.0 和Web2.0 的区别(参见表 3-1)。从电脑极客①主导到普通用户参与网络内

_____

① 电脑极客由"geek"一词演变而来，是指那些对计算机和网络技术有狂热兴趣并投入大量时间钻研的人。

容建设,用户生产内容的 Web2.0 时代颠覆了大众传媒对传播过程的垄断。

表 3-1　Web 1.0 与 Web 2.0 的对比 ①

	Web1.0(1993—2003)	Web2.0(2003—未来)
	通过浏览器浏览大量网页	更像一个应用程序而非一个网页
模式	读取	写入和用户贡献内容
主要内容单元	网页	发布/记录的信息
形态	静态	动态
浏览方式	Web 浏览器	浏览器、RSS 阅读器等
体系架构	客户服务器	网络服务器群
内容创建者	程序员	网民
主导者	电脑极客	普通用户

（二）即时性和交互性

即时性和交互性是 Web2.0 的重要特征。尽管在 Web1.0 时代已经出现了如网络论坛等动态网站,但并非网站的主流。进入 Web2.0,得益于光纤通信、AJAX② 和 P2P 等技术的发展,网络用户之间信息的实时交换和分享变得更加便利,打破了传播的时空界限,形成"没有时间的时间"和"没有空间的空间",真正实现了麦克卢汉的"地球村"预言。

就信息形成过程来看,交互性使得信息不再依赖某一方发出,而是在双方或多方的交流过程中形成。普通用户不仅能在极大范围内选择接收自己需要的信息,并且能够参与信息的发布与传播,极大增强了传播的自主性。人们经常可以在电视新闻中看到由普通民众提供的录影画面,许多突发事件也常常由民众在第一时间通过网络平台发布,例如"上海 11·15 特大火灾""天津爆炸案"等。

（三）个性化传播

从总体上说,传统媒体属于大众传播,通过传播实现信息的大众化覆

---

①　孙茜:《Web2.0 的含义、特征与应用研究》,《现代情报》2002 年第 2 期。

②　AJAX（Asynchronous JavaScript and XML）是一种创建交互式网页应用的网页开发技术。

盖。在传统媒体面前,受众面对的传播内容大致相同,尽管他们可以选择看哪份报纸、哪个频道,但对信息几乎没有选择权。即使传统媒体纷纷开辟分众市场,但就其本质而言,仍旧是分众市场中的大众传播。

Web2.0时代传播的个性化更加凸显。一方面,用户能够以更加灵活的方式接收信息。与传统媒体不同,用户可以根据自己的需要通过搜索和检索工具来选择信息,而且不仅仅是读取内容,还可以自由地选择信息接收的时间、地点以及信息的表现形式,实现传播与接收的异步性,对感兴趣的信息通过收藏、下载等方式反复浏览。甚至信息的生产者与传播者还可以通过大数据计算和利用"信息推送技术",根据用户的特殊需求和喜好提供订单式服务。

另一方面,用户在网络上的自我表达形式更加多样。以互联网和移动终端(如手机)为代表的新媒介在信息的保存、表达与传播上,兼容了文字、图片(表)声音、动画、影像等多种传播符号。这不仅丰富了信息传播的手段,而且也使用户的各种感官得以充分调动。例如,用户在使用微博应用时,可以撰写不超过140字的文字信息,还可以同时配发图片、GIF动图、小视频等。

此外,用户还可以根据个人喜好在网络上与不同的人群讨论兴趣相投的话题,形成一个个"小圈子",为小众化传播提供了受众,比如BBS论坛、QQ群、微信群等。这是因为Web2.0传播的交互性决定了人们在网络上以"群居"活动为主,志趣相投的人们在网络平台上更容易形成一个特定的群体。通过个性化的服务抓住这些小群体的特定需求,从而实现针对性强的小众化传播,能够取得更好的传播效果。

(四)动摇传统大众传播格局

尽管社会化媒体应用在互联网1.0时代已经出现(如论坛、聊天软件),但是在Web1.0时代,整个互联网是以门户网站为核心的[①],而门户模式是对传统大众传播模式的沿袭。Web2.0时代互联网的关键变革之一,在于从门户时代转向社会化媒体时代。一般认为,社会化媒体是基于用户社会

---

① 彭兰:《社会化媒体、移动终端、大数据:影响新闻生产的新技术因素》,《新闻界》2012年第16期。

关系的内容生产与交换平台。社会化媒体平台的特征在于,一方面它实现了内容生产与社会关系的结合,另一方面,用户而不是传统的网站运营者成了社会化媒体平台的主角。因此论坛、游戏、即时通信、博客、维基、微博等都是社会化媒体应用,它们共同开启了"用户中心"时代。

社会化媒体对传统大众新闻传播的影响主要表现在对新闻生产和消费的重大冲击。就新闻生产的角度来看,社会化媒体的发展带来了公民新闻活动的繁荣。新闻的采集、发布、整合、传播流程的机构垄断被打破,普通网民可能成为重大新闻的报道和传播者,如 2015 年天津爆炸案的首条消息即来自事发地附近一位居民上传的微博。从新闻的消费角度上来看,社会化媒体使得个人门户兴起,大众门户影响力下降。以 SNS、微博等技术为基础,每个人都可能在社会化媒体平台中建立一个独一无二的个人门户(如微博主页、微信主页),以此与外界交换信息,构建并维持自己的社会关系,因此每一个个体都可能成为信息传播的重心,挑战大众传播的单一模式。

因此用户生产内容的 Web2.0 时代开始动摇以广播、电视、报纸等为主导的大众传播格局。更多传统媒体的受众,特别是年轻人把网络作为获取外界信息和沟通交流的主要渠道和平台。受众流失、广告刊登额下降、媒体人才出走使传统媒体,特别是报纸业陷入了发展困境。2015 年,全国各类报纸的零售总量与 2014 年相比下滑了 46.5%,其中都市报类下滑幅度最大。2012 年以来,报纸广告连年大幅下滑,不少传统媒体在经营困境中选择退出市场,如在 2017 年 1 月宣布休刊的上海《东方早报》和北京《京华时报》。

四、Web2.0 的代表应用

(一) 博客与微博

博客是个人或群体以时间顺序所作的一种不断更新的记录。博客之间的交流主要是通过回溯引用和广播、留言、评论等方式来进行的。博客大量采用 RSS[①] 技术,读者可以通过 RSS 订阅,了解博客网站的最近更新。博

---

① RSS 是基于 XML 标准,用以实现站点之间共享内容的数据交换规范。

客同时包含了日记的私密性和基于网络平台记录的公开性。微博可以理解为简化博客,用户可以及时更新和发布简短文本(一般不超过 140 个字)、图像和视频。Twitter 是最早的微博,新浪微博在中国拥有众多的用户。

博客与微博的出现被认为是"自媒体"时代到来的标志。个体可以在公共平台上发出声音并产生一定的社会影响,2010 年的"宜黄事件"即体现了这一点。博客与微博的不同点在于,博客作者通常以传统写作者身份出现,许多博客内容是长篇文章,更倾向于自我表达,因此博客的使用群体在一定程度上局限于社会精英;微博最初 140 字的限制接近人们口语的表达习惯,为草根个体的自我表达提供了简单、高效的渠道,因此在舆论传播和扩散中发挥了重要的作用。

(二) 社交网络与即时通讯

社会性网络服务简称"社交网络",指依据六度分隔理论帮助人们建立社会性网络的互联网应用服务。SNS 软件采用 P2P 技术,统筹安排个人的 CPU、硬盘和带宽,使这些设备拥有更快的计算速度、通信速度和超大的储存空间以便与用户沟通。在 SNS 上面,人们的网络生活被极大现实化,或者说现实生活被最大程度地搬到了网上,比较知名的社交网站包括 Facebook、人人网、开心网等。

即时通讯是指在互联网或移动通信平台上,允许两人或多人低成本地使用网络即时地传递文字、讯息、档案、语音与视频,实现直接联系与同步交流的综合性、高效率的网络通信工具。即时通讯极大地拓展了人际传播与交流的时空距离,并已经成为人们在互联网上交流沟通的主要方式之一。比较受欢迎的即时通讯软件有腾讯微信、MSN、QQ 等。

比较社交网站与即时通讯,社交网站是现实人际关系的网络化,"熟人的熟人"的社交拓展建立了众多"弱人际关系";而以微信为代表的即时通讯可以实现用户的实时交互,具有私密性,并融合了多媒体传播,因而具有更高的用户黏度,形成了强人际关系为核心的全方位、立体化的社交网络。

(三) 分类分众标签与社会化书签

分众分类标签和社会化书签体现了信息资源的搜集、整合和共享功能,是 Web2.0 时代资源管理的重要模式。分类分众标签(Tag)是在 Web2.0时代的背景下,由网络用户创造的一种自定义分类方式。Tag 使得用户添加分类更方便、随意,使得用户查找信息更简便、准确。Tag 体现的是群体的力量,它使得网络内容之间的相关性和用户之间的交互性大大增强。

社会化书签是与分类分众书签类似的另一种 Web2.0 辅助工具。目前各种浏览器都提供了收藏夹功能,用户可以把浏览到的网页地址存储在本地。社会化书签不仅具有基本的标记功能,还改变了传统的静态存储模式,用户只要在一个书签网站注册,那么登陆这个网站或者利用网站提供的工具就可以方便地收藏网络信息,并且可以随时随地读取自己的收藏,因而实现了信息管理的个性化和信息的异地存取。用户也可以选择共享自己的书签,实现信息资源的自由交流。"美味书签"是网络上出现的第一个社会化书签,国内比较著名的如豆瓣网,则侧重对图书、电影和音乐的书签收藏。

(四)百科知识类应用

百科知识类应用的典型代表是维基百科,此外还有百度百科、互动百科等。维基是一种新技术,一种超文本系统,既支持面向社群的协作式写作,同时也包括一组支持这种写作的辅助工具。维基百科是一个基于维基技术的全球性多语言百科全书协作计划,同时也是一部用不同语言写成的网络百科全书,其大部分页面都可以由任何人使用浏览器进行阅览和修改。

维基百科是一个平等开放、共创共享的平台,它创新了人类知识生产的模式,开创了"大规模协作"的合作模式。所谓"大规模协作"是指一个项目不局限于特定场所和特定人员,借助互联网等工具,调动各种力量共同完成。人类可以通过分散在世界上任何一个角落的人完成一部百科全书,这部百科全书更加准确,而且还能实时更新。所以有学者评价维基百科又一次满足了传播者自由传递信息的美好预期。

第三节　Web X：网络空间应用的未来

Web2.0 之后,网络空间进入物联网阶段。技术更新迭代的速度不断加快,有关网络空间未来形态的猜想不一而足。2016 年 10 月,新浪新闻联合人工智能先驱皮埃罗·斯加鲁菲发布了《2017 未来媒体趋势报告》,报告指出未来媒体的发展趋势包括：用户体验技术、大数据、新内容时代、流媒体、手机应用、虚拟现实和增强现实共舞、创客文化、货币化、新平台、人工智能与机器人写作。彭兰在《2016 中国新媒体发展报告》中指出人类社会即将进入以"万物皆媒、人机共生、自我进化"为主要特征的"智媒时代"。

　　未来网络空间的形态也许将远远超过我们的想象，但数字化传播技术进步依旧将是推动网络空间智能化的重要动力。此外，资本力量、社会变迁和政府规制等因素也将成为塑造传播生态的重要变量，过去由传统媒体主导的传播生态将转变为多元主体竞合的新传播生态。

一、技术创新驱动的"万物皆媒"

　　当前，物联网、人工智能、云技术等正在不断扩展"媒介"的范围：人、物、环境、社会都可能成为可以传递和收集信息的媒介，随时随地可以与人进行互动，在不知不觉中将信息传播融入生活中。《众媒时代：2015 新媒体发展趋势报告》认为，继用户参与到 Web2.0 时代之后，媒体正在经历一场全产业链的变革，并将这种变革开启的时代定义为"众媒时代"。"众媒时代"主要有五个方面的特征。

　　（1）表现形态的"众"，用户的多元需求使媒体内容的表现形式更加多元和分化。

　　（2）生产主体的"众"，各种机构、人、物体皆可为媒体，信息生产的进入门槛被进一步消解。

　　（3）传播结构的"众"，传播结构趋向更为复杂，基于用户人际关系的社交化传播成为常态。

　　（4）媒体平台的"众"，各种内容平台、关系平台、服务平台都可能转型成为"平台媒体"。

　　（5）屏幕和终端的"众"，包括智能手机在内的媒体终端日趋多样化①。

　　在未来的网络空间中，因为万物相连，包括人在内的各种物体都可能成

---

　　① 众媒时代：《2015 中国新媒体趋势报告》，腾讯网，http：//ln. qq. com/a/20151112/019928. htm。

为媒介,在信息生产中同时扮演多重角色,成为信息的采集者、加工者、中介或终端。广义上的媒介将更深刻地嵌入文化和社会发展过程之中,"万物皆媒",媒介的概念或将在未来得以重构。

二、多元主体竞合的新传播生态

互联网的深度发展正深刻地改变着过去以媒体机构为主导的传播生态,在"众媒时代",传统媒体不再是高高在上的"一言堂",而是同互联网公司和自媒体等多元主体一起,成为网络空间传播生态的共建者,形成多元主体竞合的新传播生态。

（一）传统媒体的深度数字化转型

在互联网的冲击下,包括报纸、电视、广播在内的整个传统媒体产业,广告收入和发行量持续下滑,且趋势难以逆转,转型在所难免。如果只是将新媒体的内容呈现作为传统媒体内容的复制和衍生,实践已经一再地证明这种"＋互联网"的做法会失败。所谓"＋互联网"就是把报纸、电台、电视台的内容数字化,转移到网络上,在这个过程中,只是用上了数字化的手段,将原先单一形式的报道用文字、视频、音频、图片的形式加以改造,信息量没有变,也没有新的价值和洞见,这种做法无法适应新的传播生态。面对新技术浪潮的冲击,传统媒体开始了艰难的深化数字转型历程,以即时性、互动性、参与性为代表的新的观念正在重塑新闻实践。目前传统媒体主要采取两种转型方法。

一种是与互联网公司合作,向互联网公司的平台提供新闻内容产品以实现传统媒体的新闻价值,比如聚合性新闻客户端"今日头条"目前已经与多家传统媒体展开合作,《纽约时报》与网络新贵如 Facebook、谷歌等平台联合进行新闻发布,借助互联网公司更好的平台优势发布内容。

另一种方式是打造媒体自身的移动终端产品,同时提供新闻、咨询和服务,建设"两微一端"（微博账号、微信公众号、手机新闻客户端）成为国内许多媒体转型的"标配"。拥有百年历史的《纽约时报》已经从最初的印刷版,到印刷版和网页版,进化到了拥有印刷、网页、各类移动端的平台。从2014 年起,《纽约时报》推出 NYT Now、NYT Opinion、NYT Real Estate、

NYT Cooking、NYT Crosswords 等应用,以及虚拟现实应用如 NYT VR①。当然这些应用并不都是成功的,有一些应用因为应者寥寥而不得不停用,平台还在不断地调整升级。

无论采用上述哪种方式,总的来说,传统媒体都还没有找到稳定的盈利模式与成熟的网络平台,合作固然会损害媒体自身的独立性和自主性,但是新闻的可见性会大幅提高;相比之下,打造属于媒体自己的传播发布平台,在渠道建设、内容丰富性、技术水平等方面往往无法与网络媒体抗衡,起步更加艰难。

(二) 平台型媒体崛起

传统媒体积极进行数字化转型的同时,老牌和新兴的互联网公司也向新闻业投入资源,积极与传统媒体展开合作,并且凭借其对数据、用户和渠道的掌控,逐渐在合作中取得主导优势,"平台媒体"应运而生。"平台媒体"这一概念是美国学者乔纳森·格里克提出的,他将平台商和出版商合并起来,创造了这一新词汇,主要指既拥有媒体的专业编辑权威性,又拥有面向用户平台所特有的开放性数字内容实体。

互联网公司的新闻创新主要就是打造平台媒体,其做法也大致分为两种。

一种是加强与传统媒体合作。近几年来,国内外的互联网巨头凭借其庞大的用户池、先进的技术和强大的资金实力纷纷开始整合传统媒体。举例来说,2013 年亚马逊 CEO 杰夫·贝佐斯宣布收购华盛顿邮报公司的报纸资产,包括其旗舰日报《华盛顿邮报》。随后,科技公司和传统媒体的结盟屡见不鲜。谷歌公司在欧洲发起"数字新闻计划",与八家欧洲媒体集团——英国的《金融时报》与《卫报》、法国的《回声报》、西班牙的《国家报》与德国的《时代周报》等结盟,进行"数字新闻计划"合作方案。美国 Facebook、《纽约时报》、《国家地理》和 BuzzFeed 网站等媒体机构商谈,计划在 Facebook 官网直接发布各媒体的新闻内容。媒体机构可从其新闻内容旁的广告中获得部分收益。国内互联网巨头阿里巴巴在美国上市之后也加快

---

① 田智辉、张晓莉:《纽约时报的积极转型与融合创新》,《新闻与写作》2016 年第6 期。

了在传媒业的布局。2015年以来,就以现金收购了优土视频,投资36氪,与新疆维吾尔自治区、《财经》杂志母公司财讯集团联合组建"无界传媒",与华西都市报联合创办"封面"传媒,收购了新浪微博和《南华早报》。

另一种做法是互联网公司直接对新闻生产进行改造和创新。这些互联网时代的"土著"不需要经历痛苦的转身,其商业模式从一开始就适应了社交平台和大数据时代。比如Facebook推出的"即时新闻",为用户提供更优越的新闻阅读体验,新闻内容存储在Facebook官网系统中,这样用户在阅读新闻时就不再需要等待链接跳转回原新闻网站。另一款Notify的新闻聚合类App也有同样的效果,大大提升了用户的新闻体验和对平台的黏性。苹果公司也推出了聚合类新闻应用Apple News,Twitter推出了实时新闻服务Moments,在重大事件发生的时期整合内部文字、视频和照片等内容[1]。《纽约时报》在2014年的《创新报告》中列举了"潜在的竞争对手",《华盛顿邮报》《今日美国》等传统媒体都没有被列入,反倒是Buzzfeed、First Media Look等新媒体被其视为强劲对手。

此外,2016年被视为人工智能应用提速的元年,各种人机协作、人机交互的新闻产品应运而生。机器人写作、聊天机器人、VR(AR)新闻、传感器新闻等具有交互性、社交性、沉浸感等特点,给用户耳目一新的体验。这些新的新闻产品形态背后都有互联网巨头的身影。

（三）自媒体的繁荣兴盛

新技术对大众传播生态的一大冲击是把个人带回了信息生产的核心,正在进行新闻生产的主体除了有传统媒体机构及其从业人员,新出现的互联网公司或新的媒介组织,还有形形色色的从事新闻生产实践的个人。自媒体通常被认为是由新闻业之外或是脱离新闻业的人士,有一定规律地制作和发布资讯。这些个人或曾在新闻机构有过从业经验,或是关心公共事务,或对某一领域很感兴趣,愿意与他人分享自己的见解。尽管从字面上看,自媒体通常被理解为一个人的媒体,事实上,媒体运作的主体可以是一个人,也可以是一个团队。

---

① 张志安、曾子瑾:《从"媒体平台"到"平台媒体"——海外互联网巨头的新闻创新及启示》,《新闻记者》2016年第1期。

　　自媒体的兴盛有赖于互联网上的各种平台,自媒体早在博客时代就出现了,但是博客的形式缺乏互动性,博主和粉丝难以形成稳定的关系,也因此难以形成稳定的影响力。社交网站和微博、微信等平台的出现,使得公民新闻能在多平台出现,大大扩展了读者群,并且社交网站的交互性使得自媒体的个人声誉能够得以积累,进而形成影响力①。著名的自媒体网站有韩国的 OhmyNews,CNN 的 iReport 等。与传统的机构媒体相比,自媒体的人力资源有限,所以自媒体生产的许多内容并非是一手的新闻资讯,而是对新闻资讯进行重新加工和解读。自媒体争夺的是流量和眼球,为此,自媒体的评论有时倾向于情绪化和非理性的表达。由于事实的核查需要花费时间和各种其他成本,考验新闻实践者的专业技能,而借热点事件,写几句迎合粉丝情绪的评论要简单省力得多,因此在自媒体的平台上,往往会出现观点过剩而事实不足的现象。

　　从 PC 互联网到移动互联网,再到方兴未艾的物联网,从 Web1.0 时代的"观看"到 Web2.0 时代的"参与",再到万物互联,技术的更新迭代通过网络应用嵌入人类社会中,推动了人类社会形态的转变,拓展了网络空间的想象和实践,人类社会的传播格局正处在深刻的变化之中。

---

　　① 邓建国:《"专业化分布式"新闻生产时代的到来? ——自媒体的挑战与机遇》,《新闻记者》2013 年第 8 期。

第四章

网络空间社群

社群（community），即社会群体，是人们社会生活的核心。从传统的农业社会到现代工业社会，再到如今的网络社会，人类生活的最大变化之一就是新型群体的出现及其组织形式的变革。这是社会变迁和技术变迁双重逻辑交织的结果，也是社会组织方式的更新。在当代，由于网络空间和现实空间的日益融合，一种新形态的社群，即网络空间社群正浮现出来并成为社会组织的新方式。

第一节　网络空间社群的概念与特征

美国社会学家查尔斯·库利将群体区分为初级群体和次级群体。初级群体因血缘、地缘和较强的情感连接而形成，次级群体则因某种共同利益或特殊目标而组成。近几十年来，日益加快的社会个体化进程和迅猛发展的信息传播技术相遇，使得群体的形成与运作模式发生了巨大的变化，网络化正在成为人类社会的主要组织方式。

一、网络空间社群的定义

网络空间社群（network community）是一种新型社群，它是在社会多元分化的基础上，原本分散在不同地域中具有相同兴趣、观点和情感的个体利用互联网和新媒体连接起来，形成的有别于传统社群的新形态社群。这种

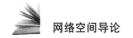

新型社群正逐渐成为中国社会主要的组织形式和人群存在方式①。

网络空间社群的出现,带来的是人类交往方式、经验过程和权力结构的变化。网络空间社群的崛起使一种超越时空限制的"缺场"成为人们交往关系塑造的新方式,而且社会的权力结构及其运行模式也发生了变化,当这些根本性因素发生变化之后,社会生活的深刻变革也随即发生,一个新型的社会形态应运而生。网络空间社群的兴起和发展,是一场正在发生的社会变迁。

需要指出的是,虽然网络空间社群是新社会形态下人们的一种新的、重要的结群方式和社会组织方式,但这并不意味着现实中网络空间社群方式取代了基于血缘、地缘和业缘的人群组织方式。人们赖以生存的初级群体依然存在,但网络空间社群作为一种次级群体正有效地发挥组织社会的功能。

二、网络空间社群的形成条件

网络空间社群的形成是社会结构变迁和媒介技术变迁双重逻辑交织下的结果。三十余年来,中国社会结构由总体性社会向分化性社会变迁,呈现出利益多元化、社会个体化的特征,这成为群体和组织变迁的基础。

自1994年中国接入国际互联网以来,网民数量迅速增长,至2017年12月底已达7.72亿的规模,中国互联网普及率为55.8%,其中手机网民规模达7.53亿,一半以上的中国人开始利用互联网进行沟通交往、信息获取、电子商务、网络游戏等活动②。经过二十年的互联网普及,网民结构不断趋同于国民结构。互联网和新媒体的社会意义在于,它不仅仅是一项新的信息传播技术和工具,同时也改变了人们的思维方式、行为方式和生活方式。

第一,互联网和新媒体的应用颠覆了原有的传播方式和传播格局。互联网、移动互联网及终端设施发展的一大结果是媒介系统和传播格局的去

① 张华:《网络空间社群研究——国家、社会、技术互动的视角》,复旦大学2015年博士学位论文。
② CNNIC:《第41次中国互联网络发展状况统计报告》,中国互联网络信息中心2018年1月31日。

中心化。互联网和新媒体通过技术赋权，使得公民个人、群体和社会组织能够以信息生产和传播的主体的身份出现在社会场域中。从现实层面来看，最主要的就是将宪法赋予公民的权利转变为现实权力。就传播格局来讲，由于主体的日趋多元，自上而下的、一对多的、单一且制度化的大众传播方式受到"网络化传播"（networked communication）、社会化传播、个人化传播的冲击，以往稳固的传受关系被改变。

第二，公民个人、群体和社会组织利用博客、微博、微信等自媒体进行积极的政治参与。在新传播格局中，公众个人和群体迅速由以往被动的信息接受者转变为积极的社会行动者。互联网和新媒体已经是中国人群体意识和社会政治意识的一个重要来源和推动力量。信息技术的发展为社会变革、政治变革以及媒介系统变革提供了物质基础。在中国，互联网既是媒体的一种新形式，是传播信息和社会情绪以及意见表达的沟通手段，有助于增进认同、形成新型社群。

第三，新传播技术和应用日益平台化，以此为基础，人们的交往方式和结群方式得以改变。以智能手机和移动互联网为基础的"社会化媒体"（social media）或称为"自媒体"（we media）①崛起，不仅使整个社会的媒介系统呈现出"去中心化"的特征，而且这些新技术应用的核心价值也在不断变化，即从单纯的交往工具转向人们的交往平台、生存方式和社会场景。二十余年来，互联网和新媒体为中国人先后提供了论坛、博客、微博、微信等交往平台。人们在平台化的交往中形成新的交往方式，原有的刚性的、自上而下的、结构化的组织形式开始动摇。论坛是中国人的"网络茶馆"，它不仅为人们提供了一个新的公共空间，人们借此建立了新关系，还催生出网络空间社群这一全新的结群方式和实体的人群。作为个人"麦克风"或"客厅"的博客，具有强个人性的特点，极大地满足了个人表达和塑造自我主体性的欲望。也正因这一特点，以博主为中心的博客圈将人群分化为不同的社群。微博以其节点式、嵌套性的传播，在其"弱连接"机制下依兴趣、价值观、话题等驱动形成网络空间社群。微信则以其丰富的应用成为人们生活的一部

---

① Dan Gillmor，*We the Media: Grassroots Journalism by the People*，*for the People*，CA：O'Reilly Media，2004.

分,它的使用让每个人呈现出多面相的、完整的、本真的自我。依托微信的"强连接"和"强到达",促成了熟人圈的"重聚"和"隐形的"网络空间社群。

三、网络空间社群的主要特征

网络空间社群是由具有共同兴趣、相近价值观、散布于各地的人们在线聚合的社会群体。网络空间社群是线下社群的延伸,与社会现实有着千丝万缕的联系,但它又突破了传统社群的社会组织特征。相较于传统社群,网络空间社群有七个重要特征。

（一）内部结构圈层化

一般来讲,网络空间社群的内部结构包括三个圈层:核心成员、重要成员和一般成员。在网络空间社群中,核心成员是信息的发布者甚至解释者,起着信息节点的作用。由于其在事实上掌握着信息权力,网络空间社群中的核心成员成为传播情境的建构者或操控者,成为网络空间社群中的意见领袖。重要成员是网络空间社群中的活跃分子,他们不一定是事件信息的持续发布者,但其凭借解读、解释信息的专业能力以及在现实和网络空间积累的声望,成为议题的发起者、事件的推动者。一般成员包括信息的接受者、事件的关注者或"跟随者",接受意见领袖的影响,他们中的大多数只表现出寻求事件信息的态度和取向,其表达更多是"仪式性"的。虽然网络空间社群中人们的连接方式是扁平的,但由于群体成员受智识、现实阅历和身份等因素的影响,网络空间社群并没有消除传统社群中的层级化特征。

（二）社群成员从异质性到同质性

网络空间通过特定的方式将分布在现实空间各个地点的人们汇聚起来,形成网络空间社群。这些在现实空间中在职业、性格、学历、智识、生活方式等方面均存在差异的异质性个体,一旦在网络空间中形成各式各样的新群体,其同质性就显现出来了,异质性的人群就转化为同质性的群体。这种同质性表现在相同的兴趣、信仰、政治观点、信念、身份团体、阶层等方面。用法国社会心理学家古斯塔夫·勒庞在其著作《乌合之众》中的话说就是:"聚集成群的人,他们的感情和思想全都转到同一个方向,他们自觉的个性消失了,形成了一种集体心理……它形成了一种独特的存在,受群体精神同一律的支配。"①

（三）非封闭性

传统社群，无论是初级群体还是次级群体，都具有封闭的特征，即不符合群体规范、不具有相应身份的个体无法进入特定的某一群体。而网络空间社群则具有非封闭性的特征，它解除了关于血缘、地域等限制，只要是兴趣相投、观点相近、利益趋同的人都可以在线上汇聚为网络空间社群。网络空间社群的非封闭性还表现在其成员可以随时退出，不必通知任何人，更无须他人允许。

（四）弱连接性

传统社会的初级社群内部成员之间依靠强大的连接而组织为一体，依靠面对面交流完成社群功能的运转，次级群体则以共同的规范、共同的目标将成员联结在一起，以特定的身份角色进行活动。网络空间社群依靠弱连接机制将成员连接起来。互联网的一大优势是陌生人形成弱连接并以平等互动形式使社会特征在沟通上不受影响②。网络空间社群中的规范和行为准则并不如现实社会中那么具有刚性和强制性，而是在交往关系中形成成员共有的信念、行为方式和行为规范，更多的是基于成员的认同。

（五）强流动性

现代社会中，人们追求个性、自由以及跨地域的需求和对集体生活的需求，为获得亲密感、归属感和安全感等是形成网络空间社群的内在动因。网络空间社群源于人们对个人与集体、自由与安全、隔离与联结的需求交织，因而网络空间社群不受地域的限制，目标单一、方向单一。而且，网络空间社群以新媒介为物质基础，不仅联结起了不同的个体形成各种社群，而且它还利于人们随时离开社群或者在不同的社群间自由游走。从网络空间社群内部的管理来说，由于其内部结构以及群成员的分散性，使其区别于传统社群的金字塔式等级管理。群体内部组织管理的扁平化意味着管理的幅度扩大而深度减小，结果是对成员的约束力减少，群成员之间的隶属关系被协作

---

① 〔法〕古斯塔夫·勒庞：《乌合之众——大众心理研究》，中央编译出版社2005年版，第11—12页。

② 曼纽尔·卡斯特：《网络社会的崛起》，夏铸九、王志宏等译，社会科学文献出版社2001年版，第442—445页。

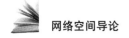

关系所取代。

（六）聚散的瞬时性

网络空间社群的形成是自发的，具有"自组织"特点。与传统社群的形成、运转相对稳定相比，网络空间社群的聚散则较为自由。个人在加入某个网络空间社群并获得"满足"之后，便可离开；人们可以因为对某一公共问题、公共事件感兴趣而迅速汇聚，事毕又迅疾自行解散。这正反映了网络空间社群突破了时空限制的特征，人们可以利用互联网扩大社会交往，组成网络空间社群，满足或解决现实社会无法满足或解决的愿望和问题。

（七）线上线下的互动性

网络空间社群在一定程度上是现实社群的延伸。网络空间社群关注、讨论的话题，并非属于虚拟世界，而是真切的现实问题。网络空间社群的活动并不局限在网络空间，而是会溢出互联网空间的边界，和现实社会进行互动。当网络空间中无法获得答案、真相时，网络空间社群的成员会利用线下关系解决。网络空间社群打通了线上和线下的二元区隔，打破了真实和虚拟的二元对立。和现实社会空间中的社群一样，网络空间社群也与现实的社会生活、生产紧密相连。网络空间为现实社会群体的延伸提供了条件，使得其能够在网络空间进行重新整合、组织，建构起新的交往方式和行为模式，从而加强了网络空间和现实空间的联系，促使其进一步融合。

第二节　网络空间社群的组织与交往

从历史的角度来看，从农业社会到现代的工业社会，再到如今的网络社会，每一次人类社会组织形态的变迁，都重塑了个体及个体之间的关系。作为一种新的社群形态，网络空间社群是网络社会的重要组织形式。

一、网络空间社群的组织形式

网络社会（networked society）是美国社会学家曼纽尔·卡斯特关于近几十年来出现的人类新社会形态的指称，即"信息技术革命和资本主义的重构,已经诱发了一种新的社会形式——网络社会"[1]。卡斯特认为:"作为一种历史趋势,信息时代的支配性功能与过程日益以网络组织起来。网络建构了我们社会的新社会形态……而网络化逻辑的扩散实质地改变了生产、经验、权力与文化过程中的操作和结果……新信息技术范式却为其渗透扩张遍及整个社会结构提供了物质基础。因此,我们可以称这个社会为网络社会。"[2]这里的网络就是关系网络。由互联网和电脑形成的信息传播网络只不过是社会众多网络中的一种,但它是网络社会赖以建立的物质基础。网络社会在社会生产与消费方式、信息流动方式、制度结构等方面,与传统社会和现代社会均有巨大的差异。

自 20 世纪 90 年代末期以来,社会的个体化、网络化,信息传播技术的社会化,以及媒介系统的去中心化,深刻影响着中国社会的交往结构,网络化的组织形式即网络空间社群逐渐成为中国社会中的一种新型组织形式,它是以个体为中心,借由电脑和互联网、移动通信设施而形成的关系网络。近年来,建立在自己独特的文化认同之上的中国,已处于全球性相互依赖之中,个体化进程产生了新的个体与群体的身份认同,信息传播技术又适时地为新型社会关系形态和新型结群方式提供了物质基础。由此,一个新型的社会形态——网络社会在中国出现[3]。

在当下的网络社会,虚拟网络和线下现实相融合,人们的行为方式、生活方式和交往方式发生了变化,网络空间社群正是这种变化的结果。以往基于血缘、地缘的传统社群和基于业缘的现代社群继续存在并发挥社会组织作用,而网络空间社群的形成除了基于共同的兴趣之外,还包括共有的价值观,以及对某人某事的共有情感和共同的理性态度。相较前两种社群,网络空间社群的形式和结构可能更为松散,其成员之间常常不是面对面的交往,而是依靠网络空间集聚,共同分享意义和采取行动。

---

① 曼纽尔·卡斯特:《认同的力量》,曹荣湘译,社会科学文献出版社 2006 年版,第 1 页。

② 曼纽尔·卡斯特:《网络社会的崛起》,夏铸九、王志宏等译,社会科学文献出版 2001 年版,第 569 页。

③ 曼纽尔·卡斯特:《学术对谈:中国、传播与网络社会》,《传播与社会学刊》2006 年第 1 期,第 1—15 页。

二、网络空间社群的形成机制

（一）弱连接机制

六度间隔理论在某种程度上说明，将这个社会联结在一起的并不是群体之间紧密的联系，而是跨越两个或以上社区的人之间脆弱的联系。美国社会学家马克·格兰诺维特研究发现，在传统社会，每个人接触最频繁的是自己的亲人、同学、朋友、同事，人们与在熟人之间形成了一种十分稳定但传播范围有限的交往关系，这是一种"强连接"现象；还存在另外一种社会关系，相较"强连接"，人们之间是一种肤浅的认知，这是一种"弱连接"现象①。研究还发现，与一个人的工作和事业关系最密切的社会关系其实恰恰是"弱连接"。"弱连接"虽然不如"强连接"那样牢固，却有着极快的，可能具有低成本和高效能的传播效率。格兰诺维特认为，互联网上人们之间形成的关系就是"弱连接"机制在起作用。正是互联网和新媒体技术打破了时空隔阂，将身处不同地域空间中的人们连接起来，网络空间社群才得以形成。相较于现实空间，"弱连接"机制在网络空间中发挥了更大的作用。

（二）"去中心—再中心"机制

"去中心化"指互联网技术本质上是以个人为中心的传播技术，具有天然的反中心取向。在结构扁平化的网络空间中，每一个个体、机构、组织，包括国家、政府都成为其中的节点，节点与节点之间的连接形成关系，整个网络空间就是一个关系网络。但"去中心"并不意味着互联网及与其紧密相关的信息社会从此没有了中心——互联网的另一功能是"再中心化"。所谓"再中心化"，是指在浩瀚的信息浪潮中，网友开始委托新的"代理人"，通过意见领袖筛选信息、研判事实、进行新一轮的"中心建构"②。

互联网"去中心—再中心"的特质不仅重构了个人之间以及个人与社会之间的关系，而且引发了权力关系的变革。"去中心化"首先带来了信息资

---

① Mark Granovetter, "The Strength of Weak Ties," *American Journal of Sociology*，1973：(6)，pp. 1360-1380.

② 李良荣、郑雯：《论新传播革命——"新传播革命"研究之二》，《现代传播》2018 年第 3 期。

源、传播资源和传播权力的社会化，国家对传播资源和传播权力的垄断不再，将部分权力让渡给社会。而"再中心化"的过程则是建构新话语中心和行动中心的过程，其结果是新权力中心的形成。

（三）自组织机制

"所谓自组织，即指没有外界干预，只有控制参量变化，通过子系统间的合作，能够形成宏观有序结构的现象。"①自组织不仅不需外部指令和外力介入，而且系统还会按照相互默契的某种规则，使成员之间保持长时间的互动，各尽其责且协调地形成有序结构，易于实现分工和协作。

互联网和新媒体出现后，使得实现自组织更加容易——它开辟出新的公共空间，赋予人们新的社会资本，将分散的个人聚集起来，在沟通交往中获得身份认同和群体归属感。

网络论坛、博客、微博、微信等社交平台易于聚集人群，因而易于形成一种常态性的自组织——不依靠权威或领袖人物的力量，而是因成员共同的利益、价值观等自发形成。"自组织"是社会变迁的另一表征和重要后果。

这种自组织首先是基于共同兴趣、话题和多元利益与多元表达而形成的网络空间社群，例如明星的粉丝团体，某一款游戏玩家，或者像"科学松鼠会"、"自然之友"网站、果壳网网站注册网友形成的科学共同体，以及"色影无忌"论坛成员等。其次，是因突发性事件而组织起来的社群，如因外交事件聚集起来反对西方及西方媒体不实报道的民众，反对 PX 项目落地的人群，或是因"华南虎照片"形成的"打虎派"或"挺虎派"。这些网络空间社群都是在网友的互联网接触与使用中建构起来的，但后一种社群的流动性更强，他们因事而聚，事毕则散，形成一种流动性的关系。以非正式、自发性、"网"聚性三个特点而区别于传统的这类自组织，被认为是"近年来伴随着网络技术的发展而发育起来的新兴社会组织"②。

与正式组织相比，上述自组织是一种建立在社群基础上的弱组织形态，但正是因为组织过程中的技术赋权，才使得弱势群体的个人在团体交流的

---

① 彭兰：《群氓的智慧还是群体性迷失——互联网群体互动效果的两面观察》，《当代传播》2014 年第 2 期。

② 闫加伟：《草芥：社会的自组织现象与青年自组织工作》，上海三联出版社2010 年版，第 3—5 页。

互动和集体行动中有效地实现了个体赋权,并有可能以集体的方式影响公共政策,实现赋权的终极目标——"社会正义和减少社会不平等"①。

互联网"开放""协作"的技术逻辑和"去中心—再中心"的特质,加上社会的自组织功能,对人们建立社会关系和社会组织形式产生了实质影响,人们之间建立社会关系变得轻而易举,"群体成为简单得可笑的事情"②。基于互联网,人们之间形成了一种全新的"弱连接"社会关系模式。

三、网络空间社群的交往形态

网络空间社群"生长"于网络空间之中,它既可以是现实社会空间社群在网络空间的延伸,也可以完全基于网络空间而生成。网络空间社群突破了传统社会中人们依靠血缘、地缘、业缘为纽带而形成交往关系的方式,建立了一种以获取信息、交流情感、共享意义、寻求认同为目的的新型社会关系。我们可以把这种新型交往关系称为"网缘"关系,即在一定的网络空间中进行网际交往的群体组织新模式。因互动形式、关系类型、交往目的的不同,网络空间社群可以划分为不同的类别。

(一)基于共同兴趣的网络趣缘社群

网络趣缘群体是指一群对某一特定的人或事物有着持续兴趣爱好的人,借由网络进行信息交流、情感分享和身份认同而构建的共同体③。

网络趣缘群体所依托的交往平台,一开始是网络上的各种主题论坛,如天涯论坛、西祠胡同、新浪论坛以及各种贴吧。随着 QQ 功能的拓展,一些以主题汇聚的 QQ 群就具有了网络趣缘群体的特征,如戏迷群、钓鱼群等。当博客和微博兴起之后,众多粉丝以博主为中心,形成了另一种类型的趣缘群体,即兼具追星和趣缘的双重特征,当然,追星本身也是一种共同兴趣。近年来,依托微信群也形成了网络趣缘群体,这种群体更加私密,联系更加

---

① L. M. Gutiérre, E. Lewis, *Empowering Women of Color*, New York: Columbia University Press, 1999. 见陈树强、增权:《社会工作理论与实践的新视角》。

② 克莱·舍基:《未来是湿的——无组织的组织力量》,胡泳、沈满琳译,中国人民大学出版社 2009 年版,第 6—15 页。

③ 罗自:《新型部落的崛起:网络趣缘群体的跨学科研究》,新华出版社 2014 年版,第 35 页。

紧密。网络趣缘群体借助交往平台,既可以进行公开的群体沟通,也可以进行私密的人际交流。由于交往平台的变迁,从论坛到微信群,网络趣缘群体成员之间的亲密度也逐渐增强。

（二）基于知识创造和共享的知识社群

知识社群是指网络上一些从事自然科学、社会科学以及交叉学科研究的人汇聚而成的群体。这些群体以知识创造、传播为目的,产生了知识创新、共享和转移的新形态。最早的知识社群当属论坛上的知识精英,他们利用网络论坛传播专业知识,如早期的"利通四方论坛",该论坛由提供软件售后服务的在线答疑发展而来。此后,网络论坛发展迅速,涉及话题广泛,"从量子力学到猴子的睡眠习惯,从患了绝症的人寻求相互支持到秃顶的男人们交流生发经验——几乎涵盖人类的整个生存范围"①。再如"博客中国"网站最早注册的 200 名博主均为社会知名人士,博客成为技术和知识精英影响力在网络上的复制或延伸。最著名的知识分享平台,如豆瓣网、知乎网、分答等,汇聚了大批各领域知识精英,从事知识的创造和分享。

（三）以创造经济效益为目标的社群

由于自媒体传播的精准性,近年来,利用新媒体平台开展营销成为新的营销手段。这种营销模式最大的特点就是将特定商品或服务精准地推向特定群体。不但如此,新媒体营销还利用顾客的反馈,迅速改善产品和服务,甚至利用特定群体的消费偏好订制、提供个性化产品和服务。由此产生了一种新的市场营销模式,即社群经济。社群经济的另一特征是社群成员通过集体智慧,自行构思、设计产品,以满足自己的消费需要。也就是说,这类群体通过内部交往可以"生产"消费需求。商家利用这点可以开发新的、优质的、适销对路的个性化产品和服务,从而扩大了市场,创造了经济效益。

（四）寻求意义分享和社会动员的职业社群

传统媒体时代,更大地域范围内的同业者由于地域的限制,很难或较少有机会在同一个交往平台上沟通。而互联网可以将全国甚至全球范围内的同行连接起来,分享职业经验,增进业务交流。以往,职业群体更多的是以

① 胡泳：《中国网络论坛的源与流》,《新闻战线》2010 年第 4 期,第 15—18 页。

"属地"和"科层制"为组织原则,形成一定地域范围内、条块分割式的组织管理关系,横向的、个体化的、直接的交往,尤其是意义共享和社会动员并不多,但当"网缘"机制出现,各类职业群体在博客、微博等平台上不断聚合,他们同气相求,互相鼓励,分享意义,进行动员。例如,深圳警察将他们路边集体吃盒饭的照片传上微博,借以"抗议"此前媒体关于异地警察聚餐的报道。再如,近年来的医患冲突事件,其影响已经从单独的个案向影响面更广的社会事件发展,其中一个重要的特征就是医护群体开始"抱团"声援异地同行,发出同业集体的诉求。网络职业群体由于涉及地域广,其影响可能波及全国范围,因此,对网络职业群体的兴起应予以重视。

(五) 基于共同政治立场的政治倾向性社群

网络政治倾向群体是指在网络上以政治参与为主要宗旨,进行时政讨论的社群,如强国论坛上聚集的"左派""右派"群体。这类群体对市场经济、改革开放、社会公平正义、"文革"、政治体制改革乃至当下政府的外交政策等均具有较为稳定的政治倾向。不管是"左派"还是"右派",其政治倾向均反映、代表了一定的社会思潮,在社会上具有一定的影响力。他们的观点和倾向是对现实社会政治状况的批评或者开出的药方,但有时也因为专业化程度较低、较强的优越感、激进的态度而对社会大众产生负面影响。

不同政治倾向的网络群体中也有各自的意见领袖。基于不同的政治派别,意见领袖之间存在交流和争论,形成不同的意见领袖群体。这些互动关系在很大程度上影响着网络空间甚至现实社会的舆论生态。据学者研究,网络意见领袖群体呈现出明显的基于政治派别的关系圈划分。在每一政治派别的关系圈中都有关键节点性人物,这些意见领袖使得意见领袖在整体基于政治派别形成不同中心的同时,也起到了连接作用,维护了群体的稳定①。较早的意见领袖群体出现基于博客圈的互动和微博的兴起,由于交往更加便利,意见领袖之间的联系更加紧密,更易于建立长期稳定的互动关系,从而形成了政治派别意见领袖的聚集。

---

① 程文青、姚鹏、沈阳:《微博意见领袖政治派别与互动关系》,见张志安主编:《网络空间法治化——互联网与国家治理年度报告(2015)》,商务印书馆 2015 年版,第258—266 页。

（六）基于网络群体性事件形成的参与型社群

网络群体性事件中，围绕事件的发生、发展形成了参与型网络空间社群，它是网络群体性事件的主体。这种类型的群体是在事件的发展过程中形成的，如权力互动、抗争等。不同抗争类型的网络群体性事件中形成了不同类型的网络空间社群。在"以群体舆论来抗争个人"的网络群体性事件，例如"周立波微博骂战"中，网民群体形成了暴民型网络空间社群。这一社群的最显要特征是"语言暴力"和"极端调侃"，奉行"其言若异、必非我类"的认同意识和行为规范。这一社群形成的重要原因是现实社会中公共空间和网络上理性对话机制的双重缺失。在"一个群体抗争另一个群体"的网络群体性事件如"华南虎照事件"中，形成了持不同观点的专业型网络空间社群。这一社群的特点是具有与事件相关的专业技术和知识，能理性表达，具有强烈的维权意识和参与公共事务的愿望并积极付诸行动。"网民对政策或制度的抗争"类型事件，如因"夏俊峰案"而爆发的网络群体性事件中，形成了情绪型网络空间社群。这一社群主要以个人想象的"事实"和累积的怨恨以及泄愤情绪作为行为出发点，缺乏理念和专业知识的支撑，甚至是"为反对而反对"，如遇关键的刺激性因素和新的事实，社群便出现迅速分化且导致事件反转[①]。

（七）基于共同利益的弱势互助型网络空间社群

在社会生活和资源配置中，因社会结构分化而产生的处于弱势地位的群体被称为社会弱势群体。弱势群体是一个相对的、动态的概念，他们可能因某一方面的原因而处于弱势地位。这一群体主要包括失业者、低收入者、残疾人、老年人、城市务工者、特殊疾病患者等。这些群体利用互联网进行联合，在网络空间中形成了弱势互助型群体。这类群体的共同特点是互相帮助进而维护权益，例如乙肝患者建立的互助社群，其中最有影响的是"肝胆相照"网络空间社群。还有农民工群体创建的"草根之家"网站，汇聚了进城务工者群体。"在网络中，弱势群体可以比较便利地组成社群，利用网络

①　张华：《网络空间社群研究——国家、社会、技术互动的视角》，复旦大学2015年博士论文。

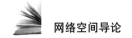

进行利益表达,影响公共政策的选择和实施。"①

第三节　网络空间社群的影响与意义

网络空间社群是网络社会中新型的社会组织方式和人们的交往新形态,它的出现表征着一个新的社会阶段即网络社会的到来。网络空间社群有不同的类别和不同的特征,它的出现形成了新的社会经验,正在多方面影响着社会进程。相应的,社会和国家的运行方式也在调整之中,因此,基于新型社会形态的社会治理和国家治理的模式也必须重新开始探索。

一、正面影响与积极意义

(一) 网络空间社群的崛起有益于社会运行

在整个社会系统中,网络空间社群属于次级群体,是连接个体与社会的中间群体,是整个社会的次级系统和中观结构。

在当下中国的社会结构中,各种社会矛盾、社会冲突不断出现,但由于地域的隔阂、行业的壁垒、知识的局限以及诉求的多元,新兴的利益群体难以对社会转型期出现的各种社会问题达成共识,加大了社会治理的难度。而网络空间社群因为打破了地域、行业、等级等限制,更能集聚群体的智慧,作为中间群体,它一方面能有效组织个体免于其趋于原子化,将其纳入社群之中。另一方面能通过社群之间的互动,个体也得以和整个社会连接在一起,形成无数个相互嵌套的社会关系网络。从这个意义上来说,网络空间社群的崛起有益于社会的运行。

(二) 网络空间社群优化了个人、社会、国家之间的关系

网络空间社群的崛起为个人与组织、社会之间新型关系的创造提供了

---

① 赵莉:《中国网络空间社群政治参与——政治传播学的视角》,中国广播电视出版社 2011 年版,第 114 页。

契机。传统媒体时代,个人与组织之间的关系是一种隶属与附属的关系,人们必须依附于一定的刚性组织才能生存、生活,而新媒体时代,不同的网络空间社群有着不同的价值规范和符号象征。不同的网络空间社群也有着各种不同观点,而且其成员也具有极强的流动性。社会不再是一元化的整体,国家与社会之间也出现了新型关系的曙光。网络空间社群代表着社会权力的发展和延伸。网络空间社群的权力来源于社会变迁中个体的崛起和群体的再造,来源于技术赋权。就舆论格局来说,自媒体、社会化媒体的崛起冲击着媒介一元化和舆论一元化的现有格局,基于社群的"众声喧哗"登场。

（三）网络空间社群是舆论监督主体之一

信息就是权力,掌握了信息就等于掌握了权力,和信息有关的社会权力包括公民的知情权、参与权、表达权和监督权。信息权力通过人际间的互动得以实现并发挥作用。互动参与中的信息交流、意见表达、群体意识建立和集体行动四个环节,本身既是赋权的过程,也是权力的实现过程[①]。这一过程也是网络空间社群形成并被赋予精神内核的过程。

在中国的现实语境下,互联网和新媒体已经是中国人群体意识和社会政治意识的一个重要来源和推动力量,它使得公众个人和群体迅速由以往被动的信息接受者转变为积极的社会行动者。因技术中介而形成的网络空间社群是舆论场上的新兴力量。技术不仅促生了网络空间社群,而且还赋予其表达自己的利益诉求和参与社会资源再分配,追求社会公正和社会平等的权力。

（四）网络空间社群成为社会治理的多元主体之一

"网络空间社群是社会主义市场经济条件下,不同利益群体借助互联网的聚集和表达。在政府和民众之间,以互联网为平台,发展社会中间组织,鼓励多元参与,是基层治理的减压阀和润滑剂。"[②]网络空间社群参与治理已经是不争的事实,如网络空间社群自行开展的"网络问政""网络反腐""网

---

① 蔡文之:《网络传播革命:权力与规制》,上海人民出版社2011年版,第88页。
② 祝华新:《新媒体代表性人士的特征、影响与治理》,见张志安主编:《网络空间法治化——互联网与国家治理年度报告（2015）》,商务印书馆2015年版,第181—189页。

络舆论监督"等,但尚未形成一定的机制,特别是"网络人肉搜索"这一监督形式,甚至游走在合法与非法的边缘。如何将网络空间社群参与国家治理和社会治理体制化,建立民主和科学的网络社会治理机制,如何将其与网络治理和治理网络结合起来,改变当前治理网络中存在的政府与网民都不满这一困境,仍然是重大的理论问题和现实课题①。

二、仍然需要警惕的问题

(一) 群体极化

"聚集成群的人,他们的感情和思想全都转到同一个方向,他们自觉的个性消失了",他们"受群体精神统一律的支配"②,容易产生观点和情绪的偏向,最终会导致群体极化现象的出现。哈佛大学法学院教授凯斯·桑斯坦认为,"群体极化"是"团体成员一开始即有某种偏向,在商议后,人们朝偏向的方向继续移动,最后形成极端的观点"③。桑斯坦认为,群体与社会自我隔离、人的从众心理、对权威的服从、群体思维的特征等社会心理因素都是群体走向极端的重要推手。

网络环境中,群体成员之间的互动更为频繁,相互感染作用更强,群体极化的效果也更为明显。桑斯坦通过对十几个国家的实证研究,发现在网络上发生群体极化倾向的比例是现实生活中面对面时的两倍多。"如果互联网上的人们主要是同自己志趣相投的人进行讨论,他们的观点就会仅仅得到加强,因而朝着更为极端的方向转移。"④

网络群体极化的主体是网络空间社群。网络上群体极化的根源虽然是现实社会矛盾冲突的加剧,但互联网因其技术特性便于人们的结群,能迅速聚集起人群,从而加剧了群体极化。再者,网络空间社群本身就是有相近价

---

① 张华:《网络空间社群研究——国家、社会、技术互动的视角》,复旦大学2015年博士论文。
② [法]古斯塔夫·勒庞:《乌合之众》,冯克利译,中央编译出版社2000年版,第11—12页。
③ [美]凯斯·桑斯坦:《网络共和国——网络社会中的民主问题》,黄维明译,上海人民出版社2003年版,第47页。
④ 同上书,第103页。

值观、相近利益的人们的集合,因此网络空间社群就潜在地对某些问题、事件、人物具有趋同的观点,网络空间社群"群内同质、群际异质"的特性更容易引起群体极化。群体极化可能使人们远离真正值得关注的公共话题,弱化人们参与公共生活的能动性。

近年来发生在我国网络空间的群体性事件中,群体极化的现象屡见不鲜,带来了非常恶劣的社会后果,应该引起我们的重视并将其作为网络治理的重要内容。

(二) 极端化网络社会思潮

20 世纪 90 年代中后期,引领社会思潮的知识分子开始利用互联网传播其观点,再加上这一时期国内外一些重大事件的发生,中国互联网上关于社会问题和政治观点的讨论增多,网络多元社会思潮也逐渐形成。在社会事件刺激、知识分子生产理论、网民和大众利用互联网推动、线上—线下互动的推动下,一种新的传播机制就此形成。近年来,当国内外重大事件发生,新的国家政策出台,社会突发性事件出现,甚至社会生活中的私人领域事件(如明星婚嫁、绯闻隐私等)被暴露,网络上的大量讨论中都有社会思潮的影子。

多元社会思潮本身并非问题,而是对社会问题、社会矛盾的反应,是各个利益群体的利益表达,是针对这些问题开出的不同"药方"。产生多元社会思潮的根源是社会结构转型中出现的问题。由于群体内部容易产生观点和情绪的偏向,而网络空间社群成员之间的互动更频繁,感染作用更强,网上和现实中的公共论辩往往又缺乏底线和规则,因而要理智对待网络群体极化的现象。

(三) 群体分化和共识缺失

在多元分化的社会格局中,各种网络空间社群在互动中也难免产生冲突甚至对抗。一系列群体性事件和网络舆情事件就是在这样的背景中酝酿、发生的。网络空间社群是网络群体性事件的主体,而网络空间社群是由分散的个体自发组织形成的群体,它虽然没有成型的组织制度、行动纲领和领导负责,但依然有群体边界、"我们"意识、群体归属感和群体意见领袖,因此他们在群体性事件中表现出了持续稳定、目标具体、组织有序等特点,兼具理性和感性的意见表达和行动策略。而且,在群体性事件中,持有不同观点的社群往往奉行"其言若异、必非我类"的认同意识和行为规范,采取对抗的态度,有时甚至为反对而反对,造成舆论场的意见撕裂,极大地干扰了网络空间和现实社会空间的有序运行。造成分化的重要原因是沟通现实社会中公共空间和网络空间的理性对话机制的双重缺失,导致不同社群之间难以达成共识。

第五章

网络空间融合

互联网与数字技术的裂变式发展，带来媒体格局的深刻调整。移动互联网、智能终端、社交媒体的快速普及，拓展了人们获取信息的渠道，改变了人们的信息获取习惯。之前经由媒介属性划分的边界逐渐被打破，迫于激烈的市场竞争，国内外媒体都在谋求转型，新型媒体形态的出现带来新闻样式的创新，用户开始主动参与新闻生产。数字化技术与媒体相互碰撞，融合的趋势成为国内外学界、业界关注的焦点，而网络空间也在融合的过程中不断复合、膨胀。

第一节　融合的争议与边界

"convergence"一词最早被应用于科学领域。1978 年，麻省理工学院的尼古拉·尼葛洛庞蒂提出了计算机工业、出版印刷工业和广播电视工业的边界正在重叠并趋于融合[①]。1983 年传播学者伊契尔·索勒·普尔在其著作《自由的科技》中提及了融合的概念，指多种媒介呈现出多功能一体化的趋势[②]。

科技在媒介领域的发展与运用，使媒介融合应运而生。最初对于媒介

---

① 宋昭勋：《新闻传播学中 convergence 一词溯源及内涵》，《现代传播》2006 年第 1 期。

② Ithiel de Sola Pool，*Technologies of Freedom: On Free Speech in an Electronic Age*，MA：Harvard University Press，1983，p. 23.

融合的关注源于媒介边界的消融和媒体技术的一体化。2000 年美国弗洛里达的坦帕试验将这种想法第一次付诸实践。坦帕论坛报、WFLA 电视台和 TAMPA BAY 在线网站的工作人员被安排在同一楼层内办公,三家共享资源,互通有无,同步发布消息。数家媒体被聚合,并运用多种媒体技术和新闻传播方式,大大提高了新闻生产的效率。这种着眼于传播技术手段和形式的思路,自然成为不少国内外媒体讨论和探索媒介融合的基本出发点①。安德鲁·纳齐森在 2001 年将融合新闻定义为"印刷的、音频的、视频的、互动性数字媒体组织之间的战略的、操作的、文化的联盟"②。李奇·高登在 2003 年提出,媒介融合具有多重意涵,包括媒体的技术融合和媒体组织内的融合。其中,媒体组织内部又分为所有权、媒介策略、组织结构、信息采集和新闻表达方面的融合③。部分学者还把主要目光放在围绕着媒体组织本身和日常内容生产、传播领域,亨利·詹金斯将关注点延伸到了社会接收与消费环节,放大到了整个产业文化形态。他认为,"融合改变了技术、产业、市场、内容风格以及受众这些因素之间的关系,也改变了媒体业运营以及媒体消费者对待新闻和娱乐的逻辑"④。

媒介融合本质上是媒介在技术驱动下,为了满足新时代传播需要而进行的数字化转型。媒体融合大多以新闻事业与产业为立足点,是媒体机构对自身及媒体业务的整合与融合。这种融合带有非常明显的传统媒体特征,比如在目标宗旨、业务范围和盈利模式等方面,都与大众媒体时代具有很强的关联性。媒介融合则是以数字新技术和资本驱动媒介之间的互联,其涉及范围不局限于某个行业和领域,其技术架构主要分为三个层次:以互联网关键性基础设施为底层进行"万物互联"(如物联网),以平台服务为

---

① 黄旦、李暄:《从业态转向社会形态:媒介融合再理解》,《现代传播(中国传媒大学学报)》2016 年第 1 期。

② A. Nachison (2001a), "Good Business or Good Journalism? Lessons from the Bleeding Edge," Presentation to the World Editor's Forum, Hong Kong, 5 June 2001.

③ Rich Gordon, "Implications of Covergence," *Digital Journalism: Emerging Media and the Changing Horizons of Journalism*, 2003, pp. 57-73.

④ 黄旦、李暄:《从业态转向社会形态:媒介融合再理解》,《现代传播(中国传媒大学学报)》2016 年第 1 期。

中层的"共享互联"(如平台经济),及以各种应用模块为上层的"关联互动"(比如社交媒体)。其目标在于,通过技术创新,卷入包括媒介实体和用户在内的更多"物",物物相连形成更广的空间,人人相连消费更多的时间和金钱。

第二节　媒体融合:国情与实践

在国内,"media convergence"常被译为"媒体融合"或是"媒介融合"。在《现代汉语词典》中,"媒体"意为"交流、传播信息的工具",而"媒介"意为"使双方(人或事物)发生关系的人或者事物"①。前者更强调媒体的传播属性,后者更强调介质特征。蔡雯将"convergence media"和"media convergence"分别译为"融合新闻"与"媒介融合","融合新闻的特点是采用多媒体手段进行新闻传播活动"②,而"媒介融合是指在以数字技术、网络技术和电子通信技术为核心的科学技术的推动下,组成大媒体业的各产业组织在经济利益和社会需求的驱动下通过合作、并购和整合等手段,实现不同媒介形态的内容融合、传播渠道融合和媒介终端融合的过程"③。因此,与"国外学界将媒介融合视为一种影响整个系统的现象,业界主要从媒介生产的自身逻辑角度来理解媒介融合,关注媒介内部空间所关涉的一整套相互关系以及整合"不同,国内学界和业界对于媒介融合的接触始于新闻业务及其操作层面,加上媒体本身面临着迫切的转型需求,展开的讨论也大多集中于新闻业务和媒介机构本身④。

---

① 中国社会科学院语言研究所词典编辑室:《现代汉语词典》(修订本),商务印书馆 2001 年版,第 862 页。

② 蔡雯:《媒介融合前景下的新闻传播变革——试论"融合新闻"及其挑战》,《国际新闻界》2006 年 5 月刊。

③ 蔡雯、王学文:《角度·视野·轨迹——试析有关"媒介融合"的研究》,《国际新闻界》2009 年 11 月刊。

④ 黄旦、李暄:《从业态转向社会形态:媒介融合再理解》,《现代传播(中国传媒大学学报)》2016 年第 1 期。

一、国内媒体融合的条件逻辑

在我国,媒体融合更具有"中国特色",推动传统媒体和新兴媒体融合发展被上升到了党中央"巩固宣传思想文化阵地、壮大主流思想舆论"的战略高度①。

2014年4月23日,时任中宣部部长刘奇葆在《人民日报》上发表题为《加快推动传统媒体和新兴媒体融合发展》的文章。同年8月18日,中央全面深化改革领导小组第四次会议审议通过了《关于推动传统媒体和新兴媒体融合发展的指导意见》。中央全面深化改革领导小组组长习近平强调,要遵循新闻传播规律和新兴媒体发展规律,强化互联网思维,推动传统媒体和新兴媒体在内容、渠道、平台、经营、管理等方面的深度融合,着力打造一批形态多样、手段先进、具有竞争力的新型主流媒体,建成几家拥有强大实力和传播力、公信力、影响力的新型媒体集团,形成立体多样、融合发展的现代传播体系②。2017年1月5日,刘奇葆在出席推进媒体深度融合工作座谈会上强调,推进媒体深度融合,要重点突破采编发流程再造,创新媒体内部组织结构,确立移动媒体优先发展战略,创新移动新闻产品,打造移动传播矩阵③。

在这个过程中,"中央主要新闻媒体要走在融合发展前列"④。这意味着,我国传统媒体,尤其是主流媒体,其转型既要解决激烈市场竞争下的生存问题,还要继续发挥党和政府耳目喉舌的作用,成为具有竞争力的新型主流媒体。同时相比商业媒体,传统主流媒体能够获得更多国家政策的指导与扶持。

---

① 刘奇葆:《推进媒体深度融合 打造新型主流媒体》,《人民日报》2017年1月11日。

② 新华社:《习近平:推动传统媒体和新兴媒体融合发展》,光明日报网,http://news.gmw.cn/2014-08/19/content_12619447.htm。

③ 刘奇葆:《推进媒体深度融合 打造新型主流媒体》,《人民日报》2017年1月11日。

④ 新华社:《加快推动传统媒体和新兴媒体深度融合》,《人民日报》2014年8月27日。

这也决定了传统媒体"媒体融合"主要遵循的两种逻辑和路径：一方面遵循新闻传播和新兴媒体的发展规律，以市场手段进行转型；另一方面以权力逻辑展开，以行政手段完成融合。

二、国内媒体融合的主要阶段

在此基础上，从媒体组织和内容生产的逻辑角度出发，我国传统媒体的媒体融合实践大致分为以下五个阶段。

第一阶段是传统媒体在新闻生产过程中使用新兴媒体作为辅助工具，改进传播效果，比如电视媒体运用 VR 技术直播，使用无人机航拍；传统媒体打造可视化数据新闻和 H5 页面新闻等。

第二阶段是在新兴媒体平台上建立账号，将传统媒体的内容同步发布在多个平台上，展开与新兴媒体平台的互动与合作，例如全国各大报纸开通微博、微信公众号，建立新闻客户端，各平台间相互呼应，加强与受众互动。

第三阶段，根据传播规律和平台特征，针对不同平台生产媒体产品，进行新闻生产模式和流程的变革，如《烟台日报》《新京报》等媒体集团打造的全媒体平台，根据平台特征生产新闻产品。

第四阶段，整合资源，改变媒体组织架构和资源分配模式，以期更有效地进行新闻传播，如从上海《东方早报》脱胎转型的"澎湃新闻"，在吸收了《东方早报》的工作人员后，澎湃按照网络媒体的内容生产模式，对组织结构进行了重组。

第五阶段，基于自身传播链，将融合扩展到媒体产业层面，其中佼佼者如湖南卫视，旗下芒果 TV 网独播覆盖了卫视的所有节目、集团自制剧和自制综艺，并根据其核心受众喜好购入了国外一线节目，依托其强势自制内容，打造了闭环的芒果生态圈，将用户和广告商牢牢锁定[1]。

除此之外，亦有媒介集团为了增加盈利渠道进行跨界投资。2011 年收购盛大旗下知名游戏平台边锋，并与旗下媒体融合导流用户，2014 年开始

---

[1] 向密、成洪荣：《人人都在谈的生态，芒果 TV 要如何构建?》，DONEWS，http：//donews. com/net/201605/2929038. shtm。

投资影视产业的浙江日报报业集团便是其中翘楚。自 2011 年借壳上市后，浙报集团便拥有了自己的资本平台。其旗下的投资机构"传媒梦工厂"侧重投资新媒体项目。其他的集团投资入股项目还包括浙江华数、华奥星空、唐人影视，以及千分点科技等①。

以上几个阶段并不一定呈线性关系，在部分媒体机构内，这些措施几乎在同时进行，而部分机构则专注其中的一个或几个环节展开试验。

三、国内外媒体融合的实践经验

科技的飞速发展使得媒体环境不断发生变化，无论是新兴媒体还是传统媒体都在争先恐后地进行数字化升级转型。传统媒体艰难地寻找变革的道路，而同样感受到市场压力的老牌新媒体门户网站和新兴的自媒体也加入了媒体融合的队伍。另一方面，科技公司和互联网巨头们利用自己在算法、流量、平台和技术方面的优势，或向传统媒体"伸出援手"，或对之"围剿收割"②。

（一）传统媒体：摸着石头过河

由于媒体融合的方式并无定式，全世界范围内也暂无被证实成功的案例。国内的主流传统媒体纷纷"摸着石头过河"，探索进路。

作为中共中央党委机关报，《人民日报》在媒体融合领域发力较早。它以全媒体平台"中央厨房"为融合发展的核心，在重构采编发流程之外，还搭建了资本平台和技术平台，为《人民日报》的媒体融合提供基础。新闻素材被初次采集后，通过"中央厨房"的加工，集团内不同的媒体可以根据自身需求对之进行再加工，由此达到加强整合协调、资源共享、协同作业的效果，使新闻素材等资源的价值达到最大化利用③。资本平台由人民日报媒体技术公司与合作方共同发布的"伊敦"传媒投资基金支撑。技术平台指的是"中

---

① 陈白云：《浙江日报报业集团：以资本之手叩开融合之门》，搜狐新闻，http://media. sohu. com/20140902/n403981165. shtml。

② 腾讯传媒研究院：《众媒时代》，中信集团出版社 2016 年版，第 84 页。

③ 吴晋娜：《门户网站转型：困局与突破》，新华网，http://news. xinhuanet. com/newmedia/2015-09/20/c_134641500. htm。

国媒体融合云"，通过这个平台，"中央厨房"可以为合作媒体提供各类新型的内容生产、大数据运营与人工智能应用等定制服务，帮助他们打造个性化的"中央厨房"、创新生产流程、运营模式和盈利机制，为整个媒体行业提供技术支撑体系。2017年，《人民日报》已建成拥有29种社属报刊、31家网站、111个微博机构账号、110个微信公众号及20个手机客户端的"全媒体方阵"，覆盖总用户超过3.5亿人①。未来《人民日报》还将通过改变媒体的组织架构、现有的分配方式和激励机制，创新盈利模式等方式，进一步深化媒体融合。2017年1月5日，中宣部部长刘奇葆在推进媒体深度融合工作座谈会上发表讲话，将"中央厨房"机制视为推进媒体深度融合的标配、龙头，要求媒体重点突破采编发流程再造、创新媒体内部组织结构②③。

国外媒体中，美国《纽约时报》可以算是最早进行数字化转型的传媒巨头之一。2008年起，《纽约时报》将发展网络业务放到"绝对优先"的地位，2011年建立起了付费墙模式，2014年开始打造移动端，目前旗下已有15个APP，涵盖新闻、地产、美食、生活、娱乐和视频VR等领域，同时提供新闻、多样化信息和服务④。除了调整组织架构，重视技术开发，建立全媒体矩阵外，在新闻生产领域，《纽约时报》早早地实现了单条新闻内进行音频、视频、图表、幻灯片等多媒体嵌入式报道——这也几乎成了《纽约时报》新闻的标配。它颠覆了受众的媒介体验，也颠覆了广告模式。截至2016年9月底，纽约时报的数字付费订户达到156万，达到历史最高⑤。

另一个数字化转型的典范是英国的《卫报》。2006年，《卫报》实行"网络优先"战略，他们不满足于仅将报纸内容搬到网上，开启了报网互动互补的尝试。2011年6月，该战略调整为"数字第一"，在内容、平台、技术等多

---

① 汪晓东、曹树林、于洋：《深度融合 构筑媒体新版图》，《人民日报》2017年1月5日。

② 新华社：《推进媒体深度融合工作座谈会》，《人民日报》2017年1月6日，http://politics.people.com.cn/n1/2017/0106/c1001-29002378.html。

③ 刘奇葆：《推进媒体深度融合 打造新型主流媒体》，《人民日报》2017年1月11日，http://news.xinhuanet.com/newmedia/2017-01/11/c_1120285034.htm。

④ 辜晓进：《纽约时报何以成为转型标杆？15个app，多媒体嵌入式报道》，澎湃新闻，http://m.thepaper.cn/newsDetail_forward_1501914? from=timeline。

⑤ 新浪美股：《纽约时报季利润锐减 平面广告收入下滑19%》，新浪网，http://finance.sina.com.cn/stock/usstock/c/2016-11-03/doc-ifxxnety7158433.shtml。

个领域进行数字化转型,并坚持开放理念,向用户开放评论平台、数据平台、技术平台甚至是部分新闻生产过程。与《纽约时报》的"付费墙"模式不同,迄今为止,《卫报》的内容都是免费的。2015 年,《卫报》网站访问量超过了《纽约时报》,成为全球最受欢迎的新闻网站之一,其网络版受众量达到纸质版的数十倍①。

然而这并不意味着以上两份大报转型的成功。近年来《纽约时报》的财报显示,尽管数字端订户的增长一定程度抵消了报纸订户下降带来的发行收益降低,但集团总体的广告收益不断呈下降趋势,利润不断缩减。《卫报》也面临同样的问题,由于数字端广告的增幅抵不住印刷版广告收入的减少,加上数字化转型的高成本,2016 年 7 月卫报媒体集团公布的亏损数据是1.73 亿英镑(约 14.87 亿人民币),为多年来最高的一次②。

相对报纸来说,广播电视虽然也受到了新技术的冲击,其下滑速度相对缓慢。因为传统广电媒体的用户群体相对宽泛,观看电视节目的用户体验感尚不能被电脑、Pad 和手机替代,看电视是家庭生活中常见的媒介内容消费场景。对于成长在电视时代的人们而言,传统广电在新闻资讯、评论和娱乐节目等内容提供方面仍然有优势。根据牛津路透对 18 个国家 3 万多名网络新闻用户的调查显示,虽然人们经常看网络新闻,但是传统电视媒体仍然是主要的新闻来源③。即使如此,广播电视新闻机构也在媒体融合领域投入了大量的人力物力。美国的有线电视网 CNN、MSNBC 和 Fox News的订阅率在经历若干年下滑后于 2015 年出现首次反弹,订阅和广告的收入增长预期强烈,这和有线电视网在打造移动数字平台方面的投入是分不开的④。

---

① 陈悦悦:《英国〈卫报〉数字化转型,媒体的成功需要新的度量标准》,德外五号,http://mp. weixin. qq. com/s? _ biz = MzAwMjY2NzUxMw = = &mid = 2649763283&idx = 1&sn = 1ff31bfa460eddc879a53ddad8389da7&mpshare = 1&scene = 1&srcid = 0126RQJGedgm1y6srue73SOl♯rd。

② 好奇心日报:《为了降低成本,〈卫报〉正在考虑把自己变成小报尺寸》,凤凰网,http://tech. ifeng. com/a/20170125/44536528_0. shtml。

③ 牛津大学和路透社新闻研究所:《2015 年数字新闻年度报告》,互联网数据资讯中心,http://www. 199it. com/archives/385516. html。

④ Amy Mitchell, Dana Page,"State of the news media 2015", Pew Research Center,2015.

对传统媒体而言,媒体融合是一场"持久战"。从读者、受众到用户,从新闻稿、新闻视频到新闻产品,反映了传统媒体在努力适应数字转型过程中的思维转变。媒体组织、新闻的生产和分发模式、分配和激励机制、评判标准、盈利模式甚至整个媒介生态圈都在经历着剧烈的变化,一切尚未尘埃落定。

(二)门户网站:移动端转型大洗牌

受到移动互联时代用户阅读习惯改变的影响,门户网站逐渐式微,广告营收大幅下降。在门户网站时代,门户网站的内容获取和分发主要通过和传统媒体签订版权协议,以每年相对低廉的价格向媒体打包支付一笔版权费,用技术自动抓取全国各大新闻媒体网站上的信息,后台重新编辑后将信息分发到相应的频道下;用户根据需求,主动进入门户网站的相应频道,获取信息;同类型的文章会以超链接的形式出现在新闻页面下方或是边栏,由用户决定是否点击获取。而在移动互联网时代,先是 SNS 社交平台的出现改变了人们阅读新闻的习惯,SNS 取代了门户网站成为大多数人阅读新闻的入口;尔后云计算和大数据的应用为更精准的用户画像和个性化内容推送提供了基础,一批更具有影响力和用户黏性的内容分发平台 APP,如今日头条、一点资讯、ZAKER 快速兴起,迅速覆盖了庞大的用户人群。其中今日头条的用户规模达 6 亿,日活跃用户达 1.4 亿,用户日均使用时长达 76 分钟[1]。它们通过抓取全网的海量资讯,根据机器算法,以用户兴趣点为切入,以个性化阅读为主要呈现手段,用户无须再主动寻找信息,他们可能感兴趣的内容会被源源不断地由智能算法推送到 APP 上,频道的分类作用逐渐被削弱。

这完全颠覆了传统门户"由编辑决定读什么"的模式[2],也打破了原有的内容分发格局。社交媒体把控着用户阅读新闻的入口,并与新兴聚合新闻 APP、搜索引擎、浏览器一同加入了内容分发领域的角逐,甚至天气、日历等类型的 APP 都植入了信息阅读和导流模块。这意味着门户时代的彻底

---

① 李白:《今日头条 CEO 张一鸣:已有 1.4 亿活跃用户 每天平均用 76 分钟》,新浪科技,http://tech.sina.com.cn/i/2016-11-17/doc-ifxxwrwk1313520.shtml。

② 老铁:《大内容分发时代即将到来 谁能笑到最后》,百度百家,http://laotie.baijia.baidu.com/article/294656。

结束,并引发了新一轮对互联网广告市场的瓜分和争夺①。

2013 年至 2015 年间,新浪、搜狐、凤凰等老牌门户网站相继经历了高管辞职和大幅裁员,在风雨飘摇中向着移动端转型融合。由于业务结构和转型的时机不同,门户网站之间的差距也逐渐拉大。

依托于庞大的社交用户资源优势,腾讯对内部进行组织架构调整,让原有的各门户网站子频道实现独立商业化运营,其旗下的腾讯视频增加了对用户端数据的挖掘和分析,独立发展后在视频领域接连强势发力,已形成良好的内部促进作用②。

搜狐、新浪、网易也对原有的业务进行了拆分,分别上线移动端 APP。基于大数据和用户模型的建立和用户使用场景的个性化新闻定制和推送,通过提供本地化服务,生产原创优质内容,以及与自媒体签订入驻协议等手段,采用全景式直播、人工智能互动、VR 等技术,改善用户体验,打造更优质的新闻资讯类 APP。

从用户的使用频率来看,门户网站的移动端转型颇有成效。调查显示,四大门户网站旗下的新闻类 APP 均排在"2017 年度新闻类 APP 年度排行榜"榜单的前十名(参见表 5-1)③。

表 5-1　猎豹大数据 2017 年度新闻类 APP 排行榜

排名	应用名	周活跃渗透率(%)	周人均打开次数
1	今日头条	18.590 2	156.6
2	腾讯新闻	11.362 8	219.6
3	今日头条极速版	7.593 2	142.4
4	天天快报	7.562 2	215.1
5	趣头条	2.871 2	112.8

①　逍遥小妖:《杀死今日头条》,品玩,http://www.pingwest.com/hunting-toutiao/。

②　吴晋娜:《门户网站转型:困局与突破》,新华网,http://news.xinhuanet.com/newmedia/2015-09/20/c_134641500.htm。

③　猎豹全球智库:《2017 年度中国 app 报告》,天天快报,http://kuaibao.qq.com/s/20180110A07M1O00。

排名	应 用 名	周活跃渗透率(%)	周人均打开次数
6	头条日报	2.230 7	36.2
7	新浪新闻	2.185 9	34.5
8	一点资讯(官方＋预装)	1.970 3	76.9
9	搜狐新闻	1.831 7	25.4
10	网易新闻	1.701 5	43.7
11	凤凰新闻	1.396 8	68.2
12	惠头条	0.458 3	183.0
13	今日十大热点	0.380 7	25.7
14	淘新闻	0.295 3	158.3
15	ZAKER	0.259 6	225.0

(注：周活跃渗透率＝APP 的周活跃用户数/中国市场总周活跃用户数。周人均打开次数＝用户每周打开的次数。数据区间：2017 年 12 月 25 日—2017 年 12 月 31 日。安卓端数据。)

2017 年,新闻阅读类 App 的活跃渗透率整体增长达 45%。今日头条依然保持着强劲的增长势头。传统主流媒体的客户端仅中青在线以周活跃渗透率 0.190 3% 和周打开率 133.4 次位列新闻类 APP 第 20 位。而 2016 年,人民日报、央视新闻、参考消息和澎湃新闻分别位列 21、25、27 和 28,周人均打开次数为 18.4、10、10.2 和 5.9 次(参见表 5-2)。

表 5-2　2016 中国新闻资讯类 APP 年度排行榜①

排名	应 用 名	周活跃渗透率(%)	周人均打开次数
1	今日头条	13.789	49.4
2	腾讯新闻	10.544	73.7
3	天天快报	6.042	81.2
4	一点资讯	2.633	32.1

① 猎豹全球智库：《2016 年度中国最全 app 排行榜》,界面新闻,http://www.jiemian.com/article/1063395.html。

排名	应用名	周活跃渗透率(%)	周人均打开次数
5	今日头条极速版	2.440	12.1
6	搜狐新闻	1.282	10.4
7	网易新闻	1.191	17.4
8	凤凰新闻	0.657	20.2
9	新浪新闻	0.641	12.2
10	ZAKER	0.354	78.7

（注：周活跃渗透率＝APP 的周活跃用户数/中国市场总周活跃用户数。周人均打开次数＝用户每周打开的次数。数据区间：2016 年 12 月 25 日—2016 年 12 月 31 日。安卓端数据。）

从市场占有率和用户使用频率看，传统主流媒体移动客户端比起新兴的聚合新闻 APP 和门户网站新闻客户端尚有差距，而网易、新浪、搜狐等门户网站的客户端，表现又稍逊于今日头条等新兴的聚合新闻 APP。

从营收上看，自 2016 年开始，各门户网站的移动端广告投放均有不同程度的增长。总体上看，门户时代已经过去，原门户网站均在保有原有优势利润增长点的前提下，逐步向移动端转型，各家对视频内容的重视已成为共识①。

（三）自媒体：多种可能性共存

借助微博、微信等新兴媒体平台起飞的自媒体开始成为广告商的新宠。对于多篇文章阅读量大于 10 万、拥有粉丝数庞大的微信公众号运营者而言，单条软文广告的价格甚至可比肩一线电视台工作日黄金档 15 秒广告的价格。积累了资本和受众后，不少自媒体人选择跨界经营，在提供内容的同时发展增值业务。

1. 自媒体＋会员＋电商

基于用户对自媒体的价值观认同，如吴晓波频道、罗辑思维、新世相等以原创内容发迹的微信公众号都发展出了一批具有高度黏性的粉丝②。这

---

① 李冰如：《三大门户第一季度业绩曝门户网转型路径》，《南方都市报》2016 年 5 月 13 日。

② 2017 年 3 月，吴晓波在参加绍兴柯桥区文化产业暨大头 CLUB 论坛时披露，其粉丝数已达 270 万。2017 年 1 月 13 日，微信公号罗辑思维发文称，粉丝数达到 1 000 万。2017 年 2 月 26 日，微信公号新世相的创始人张伟在接受界面新闻采访时透露，其公号粉丝数近 200 万。

些公众号在原创内容发布的基础上打造了会员社群,并拓展了电商业务。

吴晓波频道打造了会员俱乐部模式,普通会员可以观看微信公众号推送的部分免费内容,付费会员可收看、收听付费内容,参与线下活动,高级付费会员还可参加吴晓波频道一年内组织的24堂人文课程,授课者皆为名人学者。吴晓波频道还上线了移动电商功能"美好的店",凭借其在粉丝中的影响力,上线第一天即卖出"吴酒"6 400瓶。

而微信公号罗辑思维自2014年起开始试水电商。除了微信渠道外,2016年1月,罗辑思维上线了"得到"APP,主打知识付费,用户需付费观看APP上的教学音频、读书笔记等。同月,罗辑思维在天猫开设旗舰店卖书,14天内销售额达240万元。同年6月,入驻京东自营图书平台。9月,新的微信店铺上线,"得到"APP充值、内容订阅、音频购买等产品被放到了更重要的位置①。2017年2月21日,主打知识变现的"得到"APP总用户为529万,日活跃数为42万,订阅总数130万,营收约达1.4亿②。

据内容创业服务平台"新榜"③联合移动零售服务商"有赞"发布的《2016内容电商研究报告》显示,从2016年5月至7月,新榜指数800以上的5 269个微信公众号中,其中有718家开设电商,即平均每7个大号就有一个做电商。其中,育儿类与文化类内容电商中的大号,其店铺数量和开店比例较高④。

2. 自媒体+娱乐/IP

与吴晓波频道、罗辑思维不同,微信公号新世相则在商业运营方面探索着另一条道路——对源源不断的原创UGC内容进行挖掘,生产具有自主知识产权的内容并进行售卖获得利润。

① 《罗辑思维电商业务变阵 新网站浮出水面》,亿邦动力网,http://www.ebrun.com/20160905/190677.shtml。

② 《罗辑思维旗下App得到公布总营收1.4亿》,电商在线网,http://www.imaijia.com/qt/8a0428995a46407d015a6871d8db06f0.shtml。

③ "新榜"由资深媒体人徐达内于2014年8月创立,是中国最早提供微信公众号内容数据价值评估的第三方机构。其每月和每年发布的中国微信500强榜单是业内较为公认的权威标准。

④ 无冕财经:《吴晓波"美好的店"被传中止,是虚惊一场?》,搜狐财经,http://business.sohu.com/20161219/n476315281.shtml。

2016 年,新世相先后发起了"集体直播凌晨四点的北京""四小时后逃离北上广""丢书大作战"等一系列营销活动,极大地提高了品牌知名度和粉丝数量。

然而新世相并不满足于将自己定位为一家内容营销公司。新世相的内容生产模式也从以公号生产为主,逐步转为公号策划、用户参与共同生产。在新世相创始人张伟的计划中,这些由用户生产的优质内容,以及如"逃离北上广"等营销事件中参与者的故事,可以被包装成为单个 IP,供新世相进行影视作品拍摄和制作。

目前,新世相的第一个 IP 试水项目、迷你剧《你的味道》已于 2017 年 2 月 14 日在腾讯视频上线,其内容来源于新世相一次向用户征集故事的活动,主题为"品尝记忆中的味道",活动共征集到 4 000 多个故事①。

3. 自媒体＋投资

2016 年,IP 和内容创业都是资本关注的焦点。以内容创业起家、迅速发展壮大的自媒体们,更是同步进行着融资和投资。

吴晓波频道的创始人、著名财经作家吴晓波创立了狮享家新媒体基金,陆续完成了对九个微信公众号的投资,加上其旗下的吴晓波频道、冯仑风马牛、文茜大姐大和德科地产频道四个微信公众号,狮享家新媒体矩阵已有 13 个自媒体,覆盖 1 000 万用户②。

微信公众号罗辑思维于 2015 年 10 月 20 日完成了 B 轮融资,估值 13.2 亿人民币。2016 年 3 月,罗辑思维联合真格基金等机构以 1 200 万元人民币投资短视频领域网络红人"papi 酱"。4 月 21 日,"papi 酱"的第一条贴片广告以 2 200 万元被拍下,轰动一时。尽管同年 7 月,罗辑思维宣布对"papi 酱"原价撤资,其投资态度暂不明朗,但这种造成极大轰动的投资行为仍然值得关注。

无论是发展电商,还是开发 IP、进行投资,自媒体的业务拓展都建立在持续生产优质内容、用心经营用户社群的基础上。而庞大的粉丝数量和对

---

① 任娟颖:《"新世相"要进军影视了,"逃离北上广"将被孵化成超级 IP?》,界面新闻,http://www.jiemian.com/article/1135345.html。

② 祁钰:《吴晓波如何玩转内容电商:吴酒、转型大课、自媒体矩阵》,天下网商,http://i.wshang.com/Post/Default/Index/pid/243023.html。

自媒体认同感和参与度较高的核心用户,为自媒体的媒体融合提供了无限种可能,有待开发。

(四)科技公司:平台型媒体的崛起

除了承受自媒体和门户网站的竞争压力外,传统媒体还面临着科技公司的威胁。近几年来,无论是国际上的亚马逊还是国内的阿里巴巴、腾讯、百度等互联网巨头都利用其庞大的用户池、先进的技术和巨大的资金实力开始倒过来整合传统媒体。

1.传统媒体沦为内容供应商①

近年来,社交平台和新闻聚合类的网站、APP 成为用户习惯浏览资讯的新入口。苹果公司打造了"苹果新闻",Facebook 也上线了"即时新闻",今日头条等新闻聚合类 APP 在抓取全网新闻后,通过算法向用户提供个性化的新闻内容推送。

科技公司把控流量入口,由新闻机构提供内容并参与广告分成。在这个过程中,用户和新闻机构的联系被切断,由科技公司决定新闻报道如何传播、用户如何消费信息。失去了渠道优势的传统媒体,不得不沦为科技巨头们的内容供应商。

在我国,情况则更为严峻。一方面,多家内容分发平台都在争夺有限的优质资源,邀请自媒体入驻并给予奖励,鼓励多元化的原创内容;另一方面,老牌新闻机构的传统媒体为了获取流量,不得不授权内容分发平台,以较低的稿酬甚至是免费提供相对高质量的新闻资源。自媒体的广告分成较高,产品质量和把关要求较低,又能够在多个平台同时发布获取酬劳。可见,自媒体和内容分发平台之间的博弈尚在拉锯,内容分发平台对自媒体的补贴也不可能持久,但自媒体受到的待遇显然与传统媒体机构有天渊之别。大量的传统媒体人出走新闻机构,创办自媒体。国内多家内容分发平台的崛起建立在传统媒体提供海量有效资讯的基础上,这些平台却挖了传统媒体的墙脚,将之限定在内容提供者的角色上。

传统媒体想要破局,要在保持生产高质量内容的前提下,依托传统品牌的权威性和专业性,建立强势可靠的自有渠道,打造符合用户口味的平台工

---

① 腾讯传媒研究院:《众媒时代》,中信集团出版社 2016 年版,第 84—112 页。

具,生产适合互联网传播的新闻产品,探索新的、稳定的盈利模式,或是与网络新贵合作,这或许会损害传统媒体的独立性和自主性,但其新闻的可见性会大幅提高,投资回报见效更快。无论选择哪条道路,在数字化时代的转型都注定是一条艰难而前途未卜的道路。

2. 互联网巨头进军传媒业

近年来,互联网巨头出于战略考虑,对传统媒体进行收购的案例不胜枚举。2013 年亚马逊 CEO 贝佐斯以 2.5 亿美元收购《华盛顿邮报》,同时雇用记者和工程师,投资新科技,试水新市场,试图将其打造成"报界亚马逊"①。

由于我国媒体的特殊性,资本的准入门槛较高。因此我国的巨头企业主要选择商业媒体和娱乐传媒进行布局,以资本运作推动国内传媒产业融合。

阿里巴巴于 2014 年起,先后通过直接、间接、关联公司、个人入股等形式,将新浪微博、第一财经、《南华早报》等纳入麾下②,又投资文化中国、华数传媒、优酷土豆等公司,布局影视、家庭娱乐、互联网电视、网络视频等领域。腾讯则是依托自身用户、IP 资源及平台优势,以"腾讯互娱事业部"为主导者,涉足泛娱乐产业投资,涉及的上市公司有华谊兄弟、香港电视网络公司等。百度主要依托旗下爱奇艺视频网站拓展影视业务,还与华策影视成立合资公司,并借旗下壳公司鼎鹿中原曲线参与华策影视定增项目③。

客观地说,互联网企业对传媒业的进军,在传统媒体的数字化转型理念、资金和技术支持方面,颇有促进。

3. 野心勃勃的内容竞争者

2015 年 7 月 21 日,运动相机生产商 GoPro 宣布上线开放视频平台 Licensing。用户可以在此平台分享用 GoPro 拍摄的视频,并进行视频交

---

① 外言社:《改变商业模式,贝佐斯要把〈华盛顿邮报〉做成报界亚马逊》,网易新闻,http://dy.163.com/v2/article/detail/CB07093905118VJ5.html。

② 奈特:《买!买!买!科技巨头们为何开始钟爱收购媒体?》,《电脑报》,www.icpcw.com/Information/Tech/News/3284/328417.htm。

③ 傅嘉:《巨头强势参与"互联网＋传媒"备受看好》,《中国证券报》2015 年 4 月 10 日。

易,比如售卖给品牌或媒体公司,GoPro 从盈利中抽成。GoPro 对自己的定位由硬件设备公司转为内容公司[1]。

总之,目前媒体融合尚在探索、发展阶段。传统媒体和新兴媒体在进行媒体融合的过程中,呈现出了截然不同的理念、思路和路径。而新兴媒体在布局时间上发力更早,在转型思路上更贴合互联网传播的特点,其转型也远没有传统媒体的负担沉重。传统媒体的媒体融合需要更多地从互联网思维出发,其数字化转型仍是道阻且长。

第三节　媒介融合：变化与创新

大众传媒时代的新闻生产带有浓厚的机构烙印,通常只有专业机构生产并发布的产品才被认定是新闻。这种专业化、组织化的新闻理念来自特定的历史情境,围绕着这样的观念,人们的新闻生产实践被组织起来,新闻报道、信息发布都表现出以单向传递为主的特征,而这些实践反过来又加强了单向传播的观念。

在新的传播生态下,新技术以前所未有的深度和广度改变了新闻生产和传播的方式,新闻业面对的是复杂的总体性和不可预见性。随着传统媒体和新媒体加速融合发展,大众传媒时代单向垄断的新闻生产方式已经无法延续下去。新闻实践的主体包括传统机构媒体及其从业者,新出现的媒体组织,各种从事新闻实践的个人,都必须按照技术的要求改造自己的运作方式。

新闻创新是指发生在新闻领域的,由新闻实践主体采纳、实行和扩散新观念的行为构成的过程。新闻创新既包括运用新技术创造更多的新闻产品,也包括运用新技术提升原有的新闻生产,前者即为产品创新,后者称之为过程创新。产品创新指的是一种新物品的引入,过程创新是一种新的生产方式或一种新的管理商品的商业手法的引入,在实践中,产品和过程的划

----

① 腾讯传媒研究院:《众媒时代》,中信集团出版社 2016 年版,第 107 页。

分往往并不那么清晰,经常出现同时有产品创新和流程创新的情况①。

这是因为技术的迭代和渗透对新闻传播生产方式和传播格局的改变是全方位、全环节的,新闻的采集和写作越来越多地表现为人的能力与人工智能的结合。不断更新迭代的前沿技术不仅拥有自动获取数据的能力,还能帮助人发现线索,探究事物的根源以及拓展写作的深度或广度②。虽然在未来相当长的一段时间内,人工智能还不能代替人的智能,但是我们能在实践中探索如何实现人和机器的功能互补和价值匹配。新闻生产模式的创新呈现出"前窄后宽"的特征,即后台的操作越来越复杂,人与人之间、人与机器之间合力对大数据采集、分析、筛选、组合,然后实现可视化,而新闻终端的界面越来越个性化、定制化、方便使用,视觉效果简洁、干净、赏心悦目。以下是目前出现的四种人机交互新闻生产的新模式。

一、机器算法和人工编辑

随着互联网科技的发展,新闻内容生产已经逐渐从专业人士生产发展到用户生产,再向算法生产过渡③。所谓算法,即搜集内容、整合内容、推送内容等方面的一系列规则。具体来说,一方面,互联网公司会对新闻内容进行分析;另一方面,也会对用户进行偏好分析,然后将这些分析配对,从而算出新闻内容对于用户的价值,实现智能推送。这种说法并不是说专业人士生产内容和用户生产内容已经落伍,而是多种形态并存。

以上线五年、至今已有近 6 亿累计激活用户的"今日头条"客户端为例,作为一款基于数据挖掘的推荐引擎产品,"今日头条"不生产内容,声称其没有立场和价值观,只进行个性化的新闻推荐。一方面,"今日头条"汇聚来自不同媒体的内容,并对不同信息进行分类排序,得到一个信息汇总界面,这种信息汇总往往表现为某种排行榜。另一方面,"今日头条"通过算法模型

---

① 白红义:《从技术创新到新闻创新:重塑新闻业的探索性框架》,《南京社会科学》2016 年第 10 期。

② 喻国明:《机器新闻写作带动传媒新变局》,《新闻采编》2015 年第 6 期。

③ 张志安、曾子瑾:《从"媒体平台"到"平台媒体"——海外互联网巨头的新闻创新及启示》,《新闻记者》2016 年第 1 期。

来收集用户的基本信息和在"今日头条"上的每一次点击,基于此形成用户兴趣图谱,然后根据这些图谱推送用户最有可能感兴趣的内容①。当用户以社交网络账号注册"今日头条"客户端时,后台就可以获得与社交网络账号相关的信息,比如说性别、职业、地理位置等,而用户每点击一次,其中包含的各种细微数据如关键词、信息类别、浏览时间等也会被后台收集起来,通过对所有这些内容的数据整合分析,形成特定用户的兴趣图谱。最后,基于用户的身份特征和使用行为,以及对文本的深度挖掘分类,可以实现为每一个用户匹配相应的内容,每一个用户看到的内容都是不同的。

此外,太过依赖机器和算法也可能带来负面的影响,"个人日报"式的信息选择行为会导致用户的信息阅读越来越趋向于满足个人喜好,而这种过度的自我选择就使得个人失去了解不同爱好、价值观的机会。如果长期依赖机器算法,容易造成用户的视野狭隘和观点极化,可能会造成"信息茧房"的后果。"信息茧房"概念是由美国学者桑斯坦提出的,即人们的信息领域会习惯性地被自己的兴趣所引导,从而将自己的生活限制于像蚕茧一般的"茧房"中。

因此,机器算法和人工筛选之间不是互相排斥、取代的关系,两者要走向融合。从现在具体的操作中来看,人工筛选也加入了算法中,力图识别机器算法所忽略的部分。苹果公司、Twitter、BuzzFeed 等都是通过机器算法和人工编辑为用户浏览提供方便。

以 2015 年 9 月苹果公司推出的个性化新闻推荐应用 Apple News 为例,包含了 100 余万条不同的话题,这些话题是由苹果公司的专业编辑进行专业分析,发现用户对什么新闻感兴趣,用户也可以选择自己感兴趣的新闻话题和新闻来源。针对此款应用,苹果公司对外发布招聘广告,要求应聘编辑有五年以上采编经验,并有能力选出计算机算法无法识别或捕捉出来的、传播性强的原创内容,由此可以看出,人工编辑和计算机作互补将是新闻生产的新趋势。

综上所述,机器算法和人工编辑的合力提供了更快捷、高效、平衡、个性

---

① 王成军:《"今日头条"的技术逻辑:网络爬虫+矩阵筛选》,《传媒前沿》2015 年第 10 期。

化的新闻内容推送,同时也提高了新闻产品的用户黏度。如果说之前在社交媒体中的信息生产方式还存在产销一体,现在则变成了选择即生产。这正是第三次浪潮和第二次浪潮的本质区别,大规模的从众和趋同是第二次浪潮的特征,而第三次浪潮更为关注的是个性化的体验,是一种小众行为,技术是保证对这些小众行为可以提供规模化定制的可能①。

二、传感器新闻

互联网时代传感器无处不在,从电子芯片、全球定位系统、智能手机到无人机、遥感卫星。在物联网大数据的背景下,以传感器进行信息采集、以大数据处理以技术为支撑的"传感器新闻"也已经初露端倪。传感器新闻是指通过传感器获得数据信息,经分析整合将其以一定的方式融入新闻报道,进而完成"讲故事"的新闻生产模式。过去新闻的采集都需要依靠人,传统媒体时代需要依靠新闻记者的新闻敏感和人脉资源,Web2.0时代依靠普通用户主动提供线索,这些都受到人力和时空的局限。未来的趋势是依靠物体上的传感器来收集新闻,突破了人本身的局限,可以在更大的范围内、更多角度地采集信息。

传感器可以获得的信息包括环境信息、地理信息、人流信息、物流信息、自然界信息、人体生理数据等,从中提供的大数据为预测性报道和定制化新闻服务提供了基础。传感器新闻发端于美国新闻界,并主要应用于调查性报道。目前,新闻媒体主要通过利用政府部门、公共设施中的现有传感系统,或运用众包,或购买、租用商业传感器等方式来收集数据信息。然后,媒体把通过传感器获取的数据进行整理、分析,以可视化的方式予以呈现,或与传统报道方式相融合②。

在探索传感器新闻这一前沿的报道方式上,摘得 2013 年普利策公共服务报道奖的美国佛罗里达州《太阳哨兵报》值得一提。该报调查记者萨莉·

---

① 方师师:《算法机制背后的新闻价值观——围绕"Facebook 偏见门"事件的研究》,《新闻记者》2016 年第 9 期。

② 许向东:《大数据时代新闻生产新模式:传感器新闻的理念、实践与思考》,《国际新闻界》2015 年第 10 期。

克丝汀及其同事约翰·梅因斯从 2011 年开始对该州警察在非公务时段超速行车现象展开调查。当时的情况是市民对警察超速意见很大，只是苦无足够的证据，而警察局辩称市民的反馈不过是个案，并不是普遍现象。为了追查真相，两位记者通过向交管部门申请数据开放，获得了来自付费公路的电子付费系统公司提供的跨度为十三个月的路过车辆的记录，又经过三个多月的资料整理，从中发现了 5 100 多起警察超车记录。能这样做的原因主要是因为警车都配备了 SunPass 标准无线射频识别转发器，每个转发器都有特定编号，能在 SunPass 系统里录入时间和位置。通过从公共设施中获得传感数据的分析，该报以精准的量化方式印证了警察超速的现象，这一系列报道一经发表就引起了当地警局大震荡，涉案的数百名警察陆续受到了不同程度的惩罚。

在上述案例中，机构媒体的调查记者善于利用公共设施中的传感器去挖掘数据。不仅如此，传感器新闻还可以帮助机构媒体和用户建立更深的联系，提供媒体的用户关注度。比如纽约公共广播电台设计的一次与科技搭边的互动项目：蝉迹追踪者，该项目号召公众使用传感器来追踪春天里的蝉鸣声。这个项目有趣且互动性强，吸引了很多听众，反响很好，成为众包传感器新闻的经典案例。公众可以领取电台派发的简单设备组装或者自己购买材料制作简易的传感器，然后将传感器埋在自家的花园里，机器能记录土壤温度变化和蝉出现的时间，项目参与者再将这些数据反馈给 WNYC，最终，WNYC 收集到了 1 500 多份温度记录和 2 000 多份数据报告，并将其用交互的、可视化的形式呈现出来，让参与者可以直观看到在他们生活区域蝉分布的情况。

作为延伸人类视觉的无人机也常被使用来采集传感数据，2013 年美国公共广播电台策划了一起节目《星球货币：制作一件 T 恤》，为了充分展示 4 000 英亩棉田的广袤和产量，节目组与 Skysight RC 公司合作，使用无人机拍摄了棉田的场景，拍摄完成的纪录片放到社交网站上，吸引了将近 60 万的访问量。

传感器新闻（包括无人机新闻）目前还处于实验阶段，也遇到了不少困难，比如哪些公共设备中的传感器装置可以被新闻媒体所使用，这些机器是否能保证精确度；哪些新闻选题适合建立传感器工作流程，这些选题是否有可能触犯到个人的隐私和权益;后期是否有足够的专业人才来处理数据的分析和可视化。

三、机器新闻写作

机器新闻写作是人工智能在新闻生产领域的一个现象级创新之举。2011 年美国研究自动写作的技术公司 Narrative Science 开始用同名软件自动写新闻,对于天气地质灾害、体育、金融财报等制式化的新闻资讯,机器可以做到精确和迅速地制作新闻,时间一般不超过 30 秒,且差错率远低于人工写作。已经有多达 20 多家媒体使用该软件,其中包括一些建筑杂志、体育新闻网站,一些新闻也被福布斯网站等专业媒体采用。2014 年美联社宣布用机器人采写财经新闻,主要面向公司业绩财报的报道,一个月能产生约 3 000 篇财报分析。

国内媒体在机器人写作方面也做了不少尝试,2015 年 9 月,腾讯率先用自动化新闻写作机器人 Dreamwriter 撰写了中国国内通货膨胀指数的数据分析稿件,这篇报道引用了统计局的数据以及分析师对数据的分析与预测,与媒体的日常消息稿无异。同年 11 月,新华社推出了新闻写作机器人"快笔小新","快笔小新"目前供职于新华社体育部、经济信息部和《中国证券报》,可以写体育赛事中英文稿件和财经信息稿件。写作机器人能在一分钟内将重要资讯及其分析和解读呈现到用户眼前。比如在新华社体育部,它可以快速生成中英文数据消息,包括每轮比赛的成绩公告和积分排名。在《中国证券报》,它可以写一句话的报盘、一段话的公司财报、快讯等。

目前为止,机器人已经部分地解放了记者的体力和脑力,但其创作的新闻内容依然局限在一些特定的领域里,当下的技术水平还不能达到机器人代替人工作业的程度。但是机器的潜力还没有完全开发,机器写作也并不会一直处于边缘位置。毕竟机器人可以通过对不同语料库的智能化学习,自动生成适应不同人群的语言表达方式,从而生产出个性鲜明的新闻,还可对海量的内容生产实行智能化标签、聚类、彼此匹配,这样就会慢慢接近甚至可能超越人。会写稿的机器人抢走记者的饭碗,这种担忧并非杞人忧天,机器写作甚至可能在未来成为普利策新闻奖的有力竞争者。

四、虚拟现实新闻

虚拟现实是一种可以创建和体验虚拟世界的计算机仿真系统。它提供一种多源信息融合的交互式三维动态视景,使用户沉浸其中。近年来,国外传统媒体率先开始尝试将新闻生产与 VR 技术相结合,为用户提供了一种新的体验方式。

美国广播公司与虚拟视频公司 Jaunt VR 在 2015 年 8 月合作推出了"ABC News VR",第一个虚拟现实的新闻报道在叙利亚首都大马士革进行,由 ABC 的记者亚历山大·马夸特带领用户走遍大马士革,展示当地的义工们是如何在内战中保护古老历史工艺免受战争摧毁的。为了创造出360 度的观看效果,ABC 使用了 16 个不同机位的摄像机从各个角度同时拍摄,然后将拍摄的影像几乎天衣无缝地剪接在一起。ABC 的新闻用户可以"亲临"叙利亚,在新闻中看到叙利亚的风景、街道、路人等,感受真实的叙利亚当地情况,这是新技术发明以前无法想象,也不可能体验到的场景。

另一家美国著名的老牌新闻媒体《纽约时报》在 2015 年 11 月 6 日推出了一款手机应用"NYT VR",其拍摄的 VR 新闻短片《流离失所》以第一人称视角呈现出了年轻流亡者辛苦的劳作,揭示全球难民的状况。战争将3 000 万名儿童驱逐出他们自己的家园,该片邀请用户体验的是 11 岁的乌克兰男孩奥列格、12 岁的叙利亚女孩汉娜以及 9 岁的男苏丹男孩卓尔三个小孩在战乱年代的故事。

内战、逃离家园这样的题材并非大多数观众日常生活所能够体验。过去,用户在接受这类内容时,只能通过观看电视节目或者浏览图片、阅读文字,采纳的是一种第三人称的、外部的视角。虚拟现实带来了一种全新的影视效果,较过去的视频节目增加了空间的维度,能够传递更为丰富的信息内容,实现真实和虚拟的融合。用户在观看时往往沉浸在真实虚拟世界里,观众成为新闻事件的数字在场者,不再是观望者,他们的认知、情感更容易和新闻故事中的人和场景融合在一起。

VR 新闻在国内也有所发展。国内的腾讯、网易等门户网站一直在尝试 VR 内容制作,《人民日报》、央视等传统媒体也都不断地尝试运用 VR 进行新闻报道。2016 年财新传媒、联合国、中国发展研究基金会合作拍摄了 VR 纪录片《山村里的幼儿园》，作为国内首部 VR 制作的纪录片，该片通过 VR 技术为观众描绘了一幅贵州松桃大湾村中留守儿童和山村幼儿园的乡土社会图景，呼吁社会关注贵州山村留守儿童的教育和生活问题。2017 年央视春晚的部分节目推出了 VR 全景直播，《人民日报》在 2017 年 3 月 3 日政协开幕当天下午，在客户端上线 VR 作品《VR 带你进会场·政协大会这样开幕》，用户足不出户就能看到大会开幕、大会堂内景，以及政协委员们起立唱国歌、听报告的场景。

VR 新闻主要有沉浸感、交互性、想象性三个基本特征[①]。人可以同时身处现实世界和虚拟世界。作为 VR 新闻的升级版本，AR 增强现实、MR 混合现实也在起步当中，其合成影像据称将超越 VR 的效果。

当然，VR 新闻目前也遇到了一些挑战。首先，制作优秀的 VR 新闻需要巨大的财力和足够多的新闻技术专业人才，这就要求技术人才既能够操作有四五个镜头的摄像机，又能完成后期材料的剪辑，一般的新闻机构尚缺乏这样的技术和人力资源。其次，并不是所有的新闻题材都需要用虚拟现实的技术去呈现，一般的时政、财经新闻还无法激起用户亲临现场的欲望，往往只有那些需要身临其境、现场感强烈且难以复制的新闻事件适合 VR 制作，比如体育比赛、演唱会等，但这些并不是一般新闻媒体需要报道的内容。最后，用户是否能接受这种新鲜的形式也存在疑问。目前 VR 新闻的问题在于硬件的普及率不够，市场上流行着许多粗制滥造的移动 VR 设备，导致消费者的用户体验也比较差，VR 新闻的受众范围比较狭窄。

综上所述，新技术引发的新闻生产流程和产品的创新层出不穷，不断推动着对新闻资源的深度整合和开发。同时，新技术和新闻生产的结合也不断地受到制度、资源、新闻伦理和价值等因素的挑战。

---

① 喻国明、王文豪：《VR 新闻：对新闻传媒业态的重构》，《新闻与写作》2016 年第 12 期。

第四节　产销合一：网络时代的"用户"

在媒体融合的背景下，互动、参与的理念正在重构新闻生产的模式。层出不穷的新闻创新背后都在指向同一个目标：如何在网络时代赢得用户？网络技术的发展对大众媒体时代的受众观念发起了挑战。带有被动意味的"受众"越来越难以适应现实，在新媒体语境下，受众正在被更具有主动性的用户概念所取代。今天，为了新闻业的发展，新闻生产者需要重新理解新媒体环境下的用户。

一、获取新闻习惯的改变

人们使用社交应用看新闻的频率不断上升。由腾讯科技企鹅智库和清华大学新闻传播学院新媒体研究中心发布的调查报告显示，2016 年有 63％的国内移动用户选择了新闻客户端来看新闻，社交应用作为新闻渠道的比接近半数（49.4％），远远超过其他传统媒体的用户使用率①。

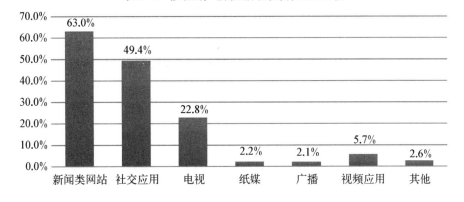

表 5-3　移动用户获取新闻的媒体入口比较

---

① 企鹅智酷、清华大学新闻与传播学院新媒体研究中心：《智媒来临：2016 中国新媒体趋势报告》，腾讯网，http：//tech.qq.com/a/20161115/003171.htm#p=1。

　　同样,由皮尤研究中心在 2017 年发布的一份对美国受众的最新调查报告显示,在美国成年人当中,有 2/3 的人从 Facebook、Twitter 等社交媒体获取新闻。五年前,这个数字还只在 40% 左右[1]。

　　值得注意的是,在社交媒体上获得新闻并不意味着其他传统的新闻获取途径就被完全忽略了,路透社发布的《2017 网络数字新闻报告》提醒注意当下充满了矛盾和差异的数字革命。仅有 1/4 的受访者认为社交媒体能够区分虚假内容和事实;相比之下,人们认为传统新闻媒体在新闻真实性方面做得更好(40%)。受访者们表示缺乏规则和算法的流行导致了劣质新闻和假新闻的快速传播[2]。机构媒体和社交平台的博弈仍将持续下去。

二、对新闻理解的改变

　　当人们越来越习惯在各种媒介和交往的网络中接触新闻时,人们对新闻的期待也随之改变,"社交"和"个人兴趣"越来越多地成为今天用户获取新闻的决定性因素[3]。赋予内容意义的是用户自己,而不再只是新闻记者。

　　以微信为例,人们不仅利用社交媒体订阅、转发自媒体内容,而且在交往中于朋友圈、微信群组中发现、生产新闻。作为交往的新闻,意味着专业或非专业的生产者身份都是临时的,每个节点主体同时都可以拥有多重身份,并可以在不同的场景中快速切换,在各种异步交往中形成了形式各异、变动不居的连接关系,由此产生的新闻具有高度的开放性和不稳定性[4]。

　　当下,新闻与娱乐、新闻与公关、意见和信息之间愈发难以区分,边界愈

---

　　① Elisa Shearer, Jeffrey Gottfried, "News Use Across Social Media Platforms 2017," Pew Research Center, 2017.

　　② Nic Newman, Richard Fletcher, Antonis Kalogeropoulos, David A. L. Levy, Rasmus Kleis Nielsen, "Reuters Institute Digital News Report 2017," *Reuters Institute for the Study of Journalism*, 2017.

　　③ 彭兰:《智媒化:未来媒体浪潮——新媒体发展趋势报告(2016)》,《国际新闻界》2016 年第 11 期。

　　④ 谢静:《微信新闻:一个交往生成观的分析》,《新闻与传播研究》2016 年第 4 期。

发模糊,新闻制作成了一个分散和开放的过程①。新闻的涵盖面变得更广泛,过去不属于新闻的各种日常信息、流行话题、社交聊天、普通人经历等都有可能成为新闻;而新闻的呈现方式也比过去更加注重个人视角,注重对话性和视觉化,我们在网络平台上看到的新闻普遍比过去在传统媒体上看到的更"杂",也更"软"②。

加拿大学者赫米达用"弥漫新闻"强调移动互联时代新闻无处不在、无时不在的状态。而 VR 等新技术引入的沉浸式新闻概念强调了新技术创造出的身临其境的现场感,这些表述都只是抓住了新闻内涵拓展的一些新面向。

当下方兴未艾的新闻创新领域可视为新闻生产者发展与用户新型关系的努力。有专家归纳出当下新闻创新的几个特征:快速化、事件化、场景化、多样化、社交化、个性化③,而这些创新将在大数据、移动设备、社交媒体、传感器、定位系统等不断涌现的人机交互技术的合力推动下,在"关系"和"场景"中给新闻业带来更多难以预见的冲击和改变。

---

① ［美］尼克·库尔德利:《媒介、社会与世界:社会理论与数字媒介实践》,复旦大学出版社 2014 年版,第 20 页。

② 王辰瑶:《新闻创新:不确定的救赎》,《中国社会科学报》2015 年 5 月 5 日。

③ 刘璐、徐佳晨:《聚焦媒体融合发展创新探索》,《解放日报》2016 年 11 月 15 日。

第六章

网络舆情嬗变

根据中国互联网信息中心公布的第41次全国互联网发展统计报告,截至2017年12月,中国网民规模达7.72亿,互联网普及率为55.8%。当前,民众生活日益信息化、网络化。互联网在国内外各类重大事件中扮演愈发重要的角色,网民就热点问题或重大议题在互联网上展开激烈讨论,形成强大的舆论影响力。网络舆情一方面是我国当下现实社会的情绪写照,同时又对我国的社会生活产生了越来越深远的影响。互联网已成为思想文化信息的集散地和社会舆论的放大器。

第一节 网络舆情的概念与特点

一、网络舆情与网络舆论

网络舆情是以网络空间为载体,以事件为核心,涵盖广大网民情感、态度、意见、观点的表达、传播与互动以及后续影响力的集合①。与现实空间中的舆情相比,网络舆情在发生、特点和变化趋势上都与网络空间密切相关,尤其受到网络空间中的信息流动和被网络空间所规定的特定人群的影响。

---

① 王平、谢耘耕:《突发公共事件网络舆情的形成及演变机制研究》,《现代传播》2013年第3期。

然而,网络舆情并不单单是"网络"加"舆情"。如果把"网络"仅仅看成是诸如"邸报""学堂"和"茶馆"等舆情得以产生、依托和发展的"平台"或"媒介",则无法更加深入地理解"网络舆情"的深刻意义。

改革开放以来,我国的政治、经济、社会和文化各个方面都取得了巨大的成就和进步。然而,随着贫富差距的拉大,社会开始逐步分层。与此同时,经济的高速发展带来的一系列诸如贪腐、环境污染、人口问题、食品安全等社会问题。民众与民众间,民众与政府间,矛盾都不断地积聚。

虽然我国为公民参与社会事务和公共决策提供了制度保障,但在现实生活中,对于最广大的人民群众而言,政治参与的途径还有待拓展。于是"去中心化"的互联网出现,让民众第一次有了可以自由表达观点的空间,宣泄各种各样的情绪。同时作为一个可供言说的空间,网络舆情慢慢形成一种固定的程式,大到国际政治事务、外交事件,小到娱乐八卦和生活琐事,网民们无所不评、无所不论、无所不议,任何事情都有可有"泛政治化"的倾向(这和西方的网络生态极为不同)。在一定程度上,网络舆情在特定时期、特定场合上,显示着中国的民意、民情、民心走向,折射着中国的政治走向和经济发展趋势,社会矛盾和冲撞膨化的趋向。因此,当前的舆论场实际上就是各种力量的博弈场,而舆情则是舆论场对决的结果。网络舆情不加筛选、修饰且更广泛地呈现在公众和官方面前的方式,深刻影响了从中央到地方各级政府的决策,不断地刺激着每个人的神经。

网络舆情与网络舆论是有着非常明显的区别的两个基本概念,主要体现在以下三个方面。

(一) 群众性和公民性

网络舆情的主体是一般网民,只要有网民的地方就有舆情。网络舆论是民众对公共事务通过信息网络公开表达的具有影响力的意见,因此舆论的主体则有公众与官方之分。网络舆情关注的是网络上的一切公众话题,常常带有娱乐倾向,任何网民都可以发表看法,不设门槛。而网络舆论则多关乎严肃的社会、时政议题,网络舆论有时会发挥舆论监督的作用。

(二) 分散性和集中性

网络舆情并非总是公开表达,常表现出一定的内隐特征,且具有分散性和易变性①。网络舆情非常分散、琐碎,且常常停留在个人情绪的随意表达上。而网络舆论的表达则非常集中,集中于某一个时间段,并且集中于特定的事件和特定的诉求。网络舆情在积累到一定程度并且有突发事件作为触发点时,有可能转变为网络舆论。

(三) 态度表达和诉求表达

网络舆情所表达的更多是一种态度、观点,其包含了很多个人动机,比如维持自己与社会现实的关联,并且彰显自己的价值观,寻求一种积极的自我呈现。而网络舆论则带有明确的诉求目的,往往针对相关的某个事件。除了当事人和利益相关方以外,旁观者的这种诉求表达常常是利他的。而这种诉求的表达也更为激烈、更有组织性、更注重实际的解决办法。

因此,在网络空间中,对网络舆情状况可以进行常态化的观察与监测,而对待网络舆论则更应该关注其每次发酵的原因、背景等特殊因素。

二、网络舆情的特点

(一) 突发性

互联网时代,信息流动自由通畅。除了主流媒体之外,每个人都可以成为这个时代的记录者,便捷的通信工具以及众多互联网分享平台使得每个人都可以随时随地对外传播信息,这些信息有可能引发大规模的"围观",因而谁也无法判断下一个"大新闻"来自何方,何时而来。网络舆情具有强烈的突发性色彩,很有可能下一个网络热点就诞生在自己身边。

(二) 自发性

互联网是"去中心化"的自由开放平台,任何人都可以在互联网上发布个人的观点,表达自身的态度。近年来自媒体的高速发展,使得人人皆可成为信息的发布者、传播者和点评者。无论是博客、贴吧、微信还是微博,网民可以不受控制地在上面发布观点,形成网络舆情。

---

① 史波:《公共危机事件网络舆情内在演变机理研究》,《情报杂志》2010 年第 4 期。

（三）时效性

互联网上时刻流动着最新的信息和新闻。尤其是社交媒体时代,门户网站和社交媒体平台时刻都在发布和推送多种关于新闻事件的文字、图片、视频、评论、预测等,大大小小的事件不断涌现,网民在获知新闻事件后也可以第一时间内在互联网和社交媒体上发声。因此,舆情具有很强的时效性。

（四）指向性

网络舆情的扩散还具有较强的意见指向性,即网络舆情中所呈现的网民最热切的关注和意见往往有着类似的主题和趋同的方向。近年来,反腐、环保、医患矛盾等事件中,网民的意见往往十分集中。比如在环保议题方面,雾霾天气的高发使网民对政府相关部门的评论引起强大的网络共鸣。

（五）情绪性

在互联网的信息传播过程中也会出现集体非理性的情况,网民的情绪往往左右事件的理性讨论,因而网络舆情也有情绪性的特点。网民作为群体聚集在一起时,对于社会热点事件的讨论经常以各种论坛等群体讨论形式出现,这种讨论方式会因网络的虚拟性和隐匿性而更容易导致群体的情绪化和极端化。尤其是在互联网上,网民通常只是通过文字进行沟通,对文字背后的真实情感并不了解,因此很容易获得某种想象的群体认同感,并在这种群体认同感的激励下走向极端,表现出较弱的推理和判断能力,从而在公共言论广场上出现"事实不决定是非,是非不决定立场"的现象,引发"网络暴力",体现出部分网络舆情具有非理性、情绪化传播的特点。

（六）片面性

一方面,由于网民存在情绪化倾向,舆情中体现的部分态度、观点会由情绪左右,减少了理性探讨的空间,另一方面,看似汹涌的网络舆情究竟能否代表最广大民众的集体意志,这是需要打个问号的。所以,网络舆情具有一定的片面性。

（七）复杂性

网络舆情具有重大影响力,有些网络舆情的发展与演变甚至会左右制度、政策的颁布与实施,因此,社会各界对网络舆情愈发关注和重视。当今社会正处于深刻的改革转型期,与现实社会密切相关的网络舆情也变得愈发复杂。网络舆情发生和演变的背后是各种力量的激烈博弈。换句话来说,网络舆情在当今更像一个"舆论场"——是各种力量相互对峙、挤压的博弈场。有网民多元化需求的冲突,有政府意志和资本追求的博弈,有资本力量之间的残酷厮杀。所以说,网络舆情世界的背后存在着形形色色的"操盘手",使得网络舆情的走向往往具有复杂性。

第二节　网络舆情的阶段与载体

网络舆情的产生依托网络空间,同时在网络空间中,舆情的产生和发展也离不开具体的平台和载体。在中国互联网的发展历史上,先后出现的论坛、贴吧、博客、微博和微信等都成为公民公开表达的平台,因其特征相近,这些公共平台被分别形象地称之为"社区""会客厅""广场"和"熟人圈子",成为网络舆情产生和发展的主要载体。

一、社区时代——论坛、贴吧

(一) 发展脉络

BBS 最早出现于 20 世纪 70 年代的美国,当时主要被用于在成员之间发布新闻、交易信息、个人感想和进行互动式问答。中国大陆的第一个 BBS 站诞生于 1994 年 5 月,是国家智能计算机研究开发中心开通的曙光 BBS 站[①]。此后,随着计算机的普及和硬件条件的发展,BBS 开始流行起来。

90 年代,国内涌现出更多颇具影响力的 BBS,比如以讨论军事起家的西陆社区、讨论国际时事的强国论坛、对网络事件反应迅速的天涯社区,还有包罗万象的综合性讨论社区西祠胡同等,这些都是流行至今的大型论坛。而新浪、搜狐、网易三大门户网站的 BBS 论坛也为关心新闻时事的网民提供了讨论空间。

之后各类垂直细分的论坛也开始崭露头角,并且吸引了相当一部分忠

---

① CNNIC:《1994—1996 年互联网大事记》,中国互联网络信息中心,https://www.cnnic.cn/hlwfzyj/hlwdsj/201206/t20120612_27415.htm。

实的用户。比如新浪 IT 业界论坛、杂碎音乐论坛、关注科技的果壳网等。除此之外，高校 BBS 也在 20 世纪 90 年代中后期开始在国内发展流行。1995 年 8 月 8 日，清华大学 BBS 系统正式开放，定名为"水木清华站"，是大陆高校中最早建成的 BBS，它也成为当时中国高校网络社群文化的一个缩影。

在论坛发展起来的同时，贴吧也迅速兴起。2003 年 12 月，百度贴吧正式上线，搜索引擎也步入了社区化时代。百度贴吧延续了搜索引擎的模式，以关键词为基准建立每个子贴吧。每个子贴吧都能吸纳关心某个话题的广大网友或是某位名人的众多粉丝，这使得百度贴吧聚集了大量的网民，更聚集了大量的网络言论，成了"全球最大的中文社区"。

以论坛和贴吧为代表的网络社区的兴起是互联网从 Web1.0 向 Web2.0 进行迭代的重要产物，用户也不再局限于通过浏览器单向获取信息，用户既是网站内容的浏览者，也是网站内容的制造者，生产、传播并获取信息，用户之间的交流也更加频繁、更具深度。

(二) 主要特征

论坛、贴吧是最早的具有较强聚合性和广泛性的网络舆情空间。BBS 成为中国人谈天说地的场域，表征着中国互联网发展的第一个高潮的到来。从时间上看，中国互联网的诞生和发展正值中国政治经济改革的重要转型期。因而，自诞生之日起，中国的互联网除了传统的收集、阅读和浏览信息功能外，还是转型时期中国政治、经济、文化发展的重要推动力量。

在这一时期，网络舆情具有如下两个特点。首先，论坛、贴吧中产生并流动的信息往往由话题触发，并且具有集中化、同质化、专门化的特点。有些论坛的兴起常常基于某个事件或某个人，这意味着论坛里讨论的内容、产生的信息一般都基于一个点而发散开来，所有的信息之间都或多或少有着关联。

其次，论坛、贴吧中聚集的群体主要是基于职业与兴趣的"共同体"，信任度高、协作性强，具有较强的组织性和行动力。著名时政论坛"强国论坛"由人民网于 1999 年 5 月 9 日开通，其最初目的是为抗议北约轰炸中国驻南斯拉夫大使馆的行为，这种一致谴责北约野蛮行径的愤怒声音迅速在海内外产生了重大影响。

更加活跃并且享有持续热度的贴吧当属明星偶像的贴吧,粉丝经济在这里得到了很好的诠释。粉丝们在此聚集,形成了一个稳定的相互协助的团体。他们共同策划应援活动和公益活动,有组织地进行投票打歌,组队代购专辑、周边产品和演唱会门票。每日例行在搜索引擎上为偶像刷新积极的关键词,以美化舆论评价。明星贴吧的影响力非常大,仅韩国歌手权志龙的百度贴吧就吸引了238万多名粉丝入驻。从线上到线下,从分享资源到实行活动,这些贴吧在相当程度上影响着国内的文化和舆论走向,而粉丝也会越来越依赖这样的粉丝组织。

在细分化的网络论坛也趋近饱和时,以人际互动为基础的社会化问答型网络社区在此基础上逐渐兴起,"知乎"就是其中较有代表性的网络社区。"知乎"创立于2011年1月。其首页的口号"与世界分享你的知识、经验和见解"展示了它的定位:知识分享社区。每一位用户都可以开放提问或回答,能够关注其他用户、问题和话题,较集中地获取自己感兴趣的知识而避免了注意力的浪费。同时,知乎用户还可以邀请别人回答问题,或者自己应邀作答,这大大加强了人际往来的黏合性,提高了问答社区中人际关系的重要性,酝酿了更紧密的社区感,也同时培养了一批新晋的话语权威。这与百度知道或新浪爱问这类传统的问答模式有很大区别。

二、会客厅时代——博客

(一) 发展脉络

博客于2000年开始进入中国。2003年,伴随着博客中国掀起的互联网反黄运动,以及博客中文站上刊登木子美性爱日记引发的"木子美现象",多起具有轰动效应的社会事件使得博客成为2003年中国互联网的热点,2003年也被视为中国的博客元年。

Blog是Weblog的简称,即Web和Log的组合词。Weblog是在网络上的一种流水记录形式,所以也称为"网络日志",学者方兴东和王俊秀将其翻译成"博客",博客这一称呼也渐渐地被人们接受。在网络上利用博客工具,创建博客网站,写网络日志的现象也被称为博客现象。博客现象始于1998年,当时全世界大约只有30多个博客网站,今天则数不胜数。博客主要有三个方面的应用：一是新的人际交流方式；二是以个人为中心的信息过滤和知识管理；三是以个人为中心的传播出版。

博客最早出现在美国。虽然博客最早的功用是个人的"日记"记录，但从其在美国的发展历程来看，博客的真正兴起靠的是它的政治功能而非娱乐功能，公众依托博客进行政治表达进而影响时局走向，使得公众真正感受到博客的强大力量。1998年，德拉吉在自己的博客上发布了"克林顿绯闻案"，成为世界上第一个报道克林顿和莱温斯基绯闻的人，引领了美国的"舆论"；在"9·11"事件中，关于事件最真实、最生动的描述不在《纽约时报》，而在那些幸存者的博客日志中，对事件最深刻的反思与讨论也不是出自哪个著名记者之手，而是在博客中[1]。

从国内的博客发展历程来看，博客的人气也是因为一系列重大社会事件而逐步高涨起来的。尤其是在2003年，公众发现，通过互联网尤其是博客的撰文、转载和联名请愿可以影响当局的决策。在传统媒体中几乎销声匿迹的"孙志刚案"因为不少名人博客的关注和撰文，成为全国关注的焦点。"孙志刚案"在网络上引起的巨大反响，一方面推动了对案件的侦查和对相关人员的处理，另一方面还引发了民间对已经走样的收容遣送制度的批评，并且直接推动了国家政策的修订。2003年6月18日，国务院总理温家宝主持召开国务院常务会议，审议并原则通过了《城市生活无着的流浪乞讨人员救助管理办法(草案)》，同时废止1982年5月国务院发布的《城市流浪人员乞讨收容遣送办法》。

（二）主要特征

博客以其"零体制""零编辑""零技术""零成本"和"零形式"的特征，逐步将互联网的应用模式从"人机对话"转向"人与人对话"。方兴东认为这是个人网络化的体现[2]。在这一过程中，博客以其"会客厅"的模式(博客主就像主人，访客来访并留言就像是客人来访)成为网民议论时事的空间。

---

① 方兴东、刘双桂、姜旭平、王俊秀：《博客与传统媒体的竞争、共生、问题和对策》，《现代传播》2004年第2期。

② 《方兴东谈"博客"：网络社会化核心是个人网络化》，网易科技 http：//tech.163.com/04/0624/10/0PKRHHS0000915CH.html。

博客的诞生让越来越多的人有了更大的表达空间和表达欲望,即便是绝大多数人将自己的博客看成是私人的空间。如新浪博客走的"名人路线",新浪博客邀请明星、作家以及各类名人开博客吸引热点,诞生了博客女王徐静蕾、韩寒等。

三、广场时代——微博

(一) 发展脉络

跟随着 Twitter 风靡全球的脚步,从 2009 年下半年起,国内的新浪网、搜狐网、网易网、人民网等门户网站纷纷开启或测试微博功能,吸引了社会名人、娱乐明星、企业机构和众多网民加入,成为 2009 年互联网热点应用之一①。

紧接着,一系列在微博平台上爆发的热点使得这一网络平台开始成为重要的舆论阵地。2011 年初,"微博打拐"活动兴起,"随手拍照解救乞讨儿童"的微博行动引起全国关注,形成强大的舆论传播力量,也产生了相当重要的社会效益。7 月 23 日,"甬温动车事件"的消息最初通过微博得以快速传播,引发了社会强烈的讨论和持续的关注。中国互联网络信息中心数据显示,2011 年我国微博客用户已达 2.5 亿,较上一年增长了 296%②。与此同时,微博的实名制规范管理也在推进。

自 2013 年以来,随着更多专门化的社交类平台的出现,用户开始出现分流,微博的用户规模也一度下降。到 2015 至 2016 年间,微博开始逐渐转型,在保留媒体特质的同时加强社区属性。据 CNNIC 的数据报告显示,截至 2017 年 12 月,微博用户规模为 3.16 亿,使用率为 40.9%,与 2016 年底相比均有上涨。在内容维度上,微博正在从早期的时政话题、社会信息,更多地向基于兴趣的垂直细分领域倾斜③。

---

①② CNNIC:《1994—1996 年互联网大事记》,中国互联网络信息中心,https://www.cnnic.cn/hlwfzyj/hlwdsj/201206/t20120612_27415.htm。

③ CNNIC:《第 41 次中国互联网络发展状况统计报告》,中国互联网络信息中心,http://www.cnnic.net.cn/hlwfzyj/hlwxzbg/hlwtjbg/201801/P020180131509544165973.pdf。

（二）主要特征

如果说论坛和贴吧孕育了"共同体"性质的网络社区文化，那么微博带来的就是一种广场文化的胜利。微博主打陌生人社交，通过"关注"与"被关注"所形成的关系网络来传播信息，构建舆论，同时可以通过广场、热搜等功能接触关系网以外的世界。

微博的信息传播具有以下三个特点。

一是迅速公开、范围广泛但鱼龙混杂。微博的嗅觉非常敏锐，任何突发事件或即时新闻几乎都能第一时间在微博上找到踪迹。理论上，微博上的任何人都可以看到微博上的任何信息。这些信息来自全球各地，大至战争灾难，小至日常生活，而发布信息的人往往是事件的权威信源，如亲历者，但也不乏为博取眼球而捏造的假消息。因此微博传递的信息虽然快而多，但可信度往往需要进一步检验。

二是简明轻量及多媒体形式的补充。微博效仿 Twitter，对发布内容进行了 140 字以内的限制，但长微博、图片、视频、音频、超链接等形式的存在又大大弥补了缺憾。一方面人们不得不简明地提炼出信息的关键要点，提高信息流动的效率，另一方面多媒体形式也让人们可以对同一事件进行多角度、多观感的了解，大大扩充了信息含量，丰富了话语的表达方式。

三是去中心化与再中心化的呈现。微博是具有草根本质的，任何人都可以无门槛地发布信息，同样，微博也具有促进话语权回归平等的初衷，任何人都可以自由互动和辩论，发表自己的看法，与原本遥不可及的人对话，当所有人都只拥有"网民"这一个无差别的身份时，话语的力量回归平衡。然而事实上，实名制就使得网民的社会身份阶层属性无法被过滤，公众人物与微博上原生的网络红人一起成为"微博大 V"，重新定义了微博的话语中心。有意思的是，在微博上最早取得话语权柄的主体，和 BBS 时代相仿，还是记者群体，同时还多了一部分互联网从业者。他们一度将微博看成时政新闻的宝库，也不时地爆一些常人无法知晓的猛料，微博也在一段时间内成为公共事件的策源地。

微博已然成了舆论论战的大平台。广场化的开放言论空间使得人们可以看到各方的观点态度，并且选择自己所认同的一方加入争论。

四、熟人圈子时代——微信朋友圈

（一）发展脉络

自 2011 年底问世至今,微信已成为亚洲地区最大用户群体的移动即时通讯软件。用户主要通过手机通讯录好友、QQ 好友和附近的人这三种渠道搭建自己的微信好友圈子,因此这是一个规模较小的熟人圈子。当原始用户积累到一定程度之后,微信上的各大订阅号、自媒体开始蓬勃发展,使微信的媒体属性更加明显,信息流通也更为频繁。

（二）主要特征

微信朋友圈形成了一种以自我为中心的新型虚拟社区关系[①]。在微信上进行的一切行为,不论是加入哪个群组,关注什么公众号,还是在朋友圈发布何种消息,是否对别人点赞和评论,都是以自身为基准进行考量的。由于其非开放的传播模式,微信创建了"公众号"的形式,以新的姿态争夺话语权。

聚集于微信的群体是一个彻底的熟人小圈子。在这里线上与线下的交往是打通的,用户会在前台对自我形象进行管理,以满足后台的人际交往需求。用户可能会从不同的公众号中收到各种各样的消息,但真正会被转发进行二次传播的,基本都是可以满足用户社交需求的消息。

朋友圈构成了新兴的民间舆情集合场。基于熟人而构建的小圈子相对封闭而稳定,其中的用户本身便拥有一定程度上的共识,因此,人们更容易从某些特定话题出发,获得同质化的讨论,共享的观点不断被加强,鲜有外界的"异己"思想渗入,也有一定群体极化的潜在风险。与此同时,个人朋友圈的"叠加"重合也会使信息传播相对慢速和产生"远播"效果[②]。朋友圈的封闭只是一种相对的界限,信息的传播无法阻碍。当朋友圈有重合的时候,就有信息交叉传播,向远处流动的效果。

[①] 聂磊、傅翠晓、程丹:《微信朋友圈:社会网络视角下的虚拟社区》,《新闻记者》2013 年第 5 期。

[②] 王来华:《微信中舆情表达和传播特征:一个新舆论场的产生和作用》,《江淮论坛》2015 年第 5 期。

另外,微信朋友圈的私密性鼓励了舆情表达的主动性。鉴于朋友圈中较为紧密的人际关系,用户可能更敢于主动去发表自己的看法,并且期待得到认可,或是真诚的讨论;但另一方面,考虑到自我形象的呈现与线下真实的人际往来,用户们在表达态度时可能更倾向于选择克制、温和的措辞,以避免被贴上"偏激""难相处"的标签。

第三节 网络舆情的机制与问题

一、网络舆情的发生机制

突发性公共事件所引发的网络舆情因其影响范围广、影响力大,是我们关注的重点。网络舆情的变化通常会经历如下五个过程:触发与产生、扩散与发酵、变化与衍生、作用与反馈、终止与后续。

(一)触发与产生

在舆情的发生阶段,舆情的"触点"主要是外界环境与舆情的对象。外界环境包括宏观的社会心态的变化、网民群体的构成和特征等。而舆情对象,即公共事件或公共话题本身,则是引发网络舆情的导火索[1]。一般来说,公共事务与公众利益相关度越高,就越能引起公众的注意和讨论;话题越新鲜刺激、越挑战人们惯常的价值判断,就越能引起公众的关注,其舆论强度也就越大。以一系列引起舆情动荡的 PX 项目事件为例。厦门、大连和宁波的 PX 项目在建成之前并未被主动告知民众,直到偶然事件的发生,当地民众才知道了该项目的存在。PX 项目与当地民众的身体健康、生存环境息息相关,因此舆情一触即发。

(二)扩散与发酵

舆情的扩散必定要借助网络平台的传播力扩大影响力,引导集体情绪发酵。而这时包括当事双方、政府机构、利益相关方、围观者、意见领袖等各

---

① 王平、谢耘耕:《突发公共事件网络舆情的形成及演变机制研究》,《现代传播》2013 年第 3 期。

方力量纷纷进入事件中心,复杂的博弈也逐渐展开。比如网民在知道厦门PX项目后,先在当地论坛、QQ群进行讨论,并发起零星的号召。当地政府对此采取了封堵的措施,关闭了部分论坛,但号召抵制的信息却开始在手机短信中传播。大量短信的传播引起网络媒体的报道和转载,舆情进入"喷涌"状态[①]。

(三) 变化与衍生

在这个阶段,舆情开始演变为公众舆论,一方面论点和诉求越发明晰,社会情绪继续发酵,网络谣言也会趁乱而入;另一方面舆论常会以此次事件为出发点,联系以往经历,将情绪扩散到其他领域。这时一些具有影响力的社会媒体和意见领袖开始介入,发表详细的调查或发布立场鲜明的观点,让整个舆论局势更加复杂。而由于网络信息真假混杂,网络谣言极可能在混乱的多次传播中产生,甚至会有人刻意制造恐慌言论来激化矛盾。

(四) 作用与反馈:线上到线下

在这个阶段,舆论中的冲突层级上升,只能依靠具体的社会行动来增加压迫感,促进问题的解决。

(五) 终止与后续

舆情的消退关键在于相关方的举措能否缓和并解决问题,网民的情绪能否得到安抚。网民们的注意力很容易转移,但舆情消退了也可能再次反复。与传统媒体时代不同的是,"新媒介环境下,媒体议程不再是冲突的唯一出口,个体和社群通过新媒介发挥重要影响"[②],因此"新媒介增加了从媒体层面规避舆情事件生成扩散的难度"[③]。

二、网络舆情与意见领袖

2000年前后,电脑还仅仅是少数人的"身份象征"时,由于工作需要,记

---

① 新华舆情:《系列 PX 事件舆情回顾与分析》,新华网,http://news.xinhuanet.com/yuqing/2013-10/27/c_125605373_3.htm.

②③ 高宪春:《新媒介环境下舆情事件的生成及扩散规律分析》,《新闻界》2012年第1期。

者是最早一批遨游于互联网世界的弄潮儿。著名的 BBS 西祠胡同见证了最早一批网络意见领袖的诞生。网络意见领袖通过影响众多网民和舆论走向，正在成为一支重要的社会影响力量。

（一）网络意见领袖的定义

20 世纪 40 年代，美国学者拉扎斯菲尔德在《人民的选择》一书中提出了"意见领袖"的概念，认为信息不是像河流一样径直流向大众的，而是需要经过意见领袖这个中间环节，即遵循"大众媒介—意见领袖—大众"这一路径进行，形成信息传递的两级传播。在网络空间中，意见领袖依旧存在，关于意见领袖及其相关的信息传播模式并没有发生实质的改变。

网络意见领袖一般是指在网络空间中发表观点、意见的活跃分子，经常为他人提供信息、咨询和建议。在互联网传播过程中，网络意见领袖起着重要的媒介作用，他们将信息过滤、筛选后传递给网民，并对后者产生影响。

（二）网络意见领袖的来源

从来源上看，传统的意见领袖是基于对信息的垄断性获取或者自身在某一领域的造诣这样的优势而成就其自身的。因而，在传统社会中，意见领袖往往是专家、学者、记者或者热心公共事业的知名人士。网络空间虽然给予草根"成名"的机会，但当网络社会和现实社会一样逐步走向成熟的时候，它也会进行一定的自我筛选。显而易见的是，在现实社会中本就是意见领袖的人，他的个人网络空间很容易再度成为意见的集散地。

在 BBS、博客和微博等平台上，即便信息传播的门槛降低了，但在这些空间中的信息传播本质还是一种基于信任的传播。普通受众更愿意跟随、相信那些他们已经知晓和了解的人，因为这对他们来说是成本最低的选择。随着微博实名认证等平台功能和要求的推出，网络意见领袖和线下社会意见领袖趋于同质化。有研究者提出要成为微博的意见领袖需要具备三个条件之一：一是需要处于信息源的上端，可以成为注意力信息的权威发布者；二是博主具有权力社会身份；三是博主的发言能引起大家的共鸣。在研究者看来，这三个条件如果能具备其一就能获得较大范围的关注。

（三）网络意见领袖的分类

网络空间的不断迁移和变化催生着新的网络形态，网络意见领袖的群体也在不断地变化。最早期的网络意见领袖是最早的互联网弄潮儿，他们是最早使用互联网进行"沟通"的群体，可能是 IT 从业人员、网络写手，也可能只是二三线城市对未来生活抱有憧憬的年轻人，这类群体即网络活跃分子。

明星这一群体几乎没有缺席过各个时期的互联网平台，并成为当之无愧的网络意见领袖。从博客女王徐静蕾再到微博女皇姚晨，这一群体的迭代速度之快，也让人难以企及。

专业知识分子或是业界权威在微博时代大放异彩。很多时候他们是网络中真正值得倾听的声音，他们往往以自己专业的学科知识背景作为依托，同时严谨地在自己所了解的范围内进行发言。在许多公共事件中，他们的声音或许不是最响亮的，但起到了最关键的作用。

网红的出现很难直接归结到意见领袖的范畴，因为他们一般没有明显的观点。但有时候也有意外。但考虑到这一群体正在成为重要的新生力量，在此简述。"网络红人"是指在现实或者网络生活中因为某个事件或者某个行为而被网民关注从而走红的人。他们的走红皆因为自身的某种特质在网络作用下被放大，与网民的审美、审丑、娱乐、刺激、偷窥、臆想以及看客等心理相契合，有意或无意间受到网络世界的追捧，成为"网络红人"。因此，"网络红人"的产生不是自发的，而是网络媒介环境下，网络红人、网络推手、传统媒体以及受众心理需求等利益共同体综合作用下的结果。

网络意见领袖的类型变化，既是网络社会发展前进的结果，也和现实社会存在千丝万缕的必然联系。早期的网络意见领袖多是"田园牧歌式"的，在互联网还没有兴起有策划的包装、策划和炒作的年代，意见领袖的网名都充满了传统武侠的气质。而随着互联网的商业化，在网上变红已不单单是一种内心虚荣的满足或者是个人理想信念实现的第一步，一切仅仅是在商言商而已。"网络红人"这一时髦概念的出现，一定程度上可以看成是中国互联网娱乐化的先兆。

三、网络舆论场

随着网络技术逐步完善，智能手机日益普及，信息传播的时间和空间被不断拓展，大大激活了信息的传播和流动，对舆情传播和舆论场格局都产生了深刻影响,给传统舆论场带来了新变化,呈现出新特点。

1998 年,新华社原总编辑南振中提出"两个舆论场"表述,描述的是传统媒体所欲营造的意见环境,与草根民意经常相互冲突,甚至分歧巨大的舆论状态①。网络空间因其去中心化和意见的自由表达,成为草根和民间意见发声的重要平台,因此网络舆论场起初主要是代表民间舆论场。但也有学者认为,"网络舆论场"是融合了新媒介场、心理场、社会场的复杂场域,并非只是单一的时空结构②。以互联网为主的网络舆论场与传统媒体主导下的舆情具有很大的不同,主要有以下五个特点。

(一) 传播迅速

新媒体网络空间已经成为人们迅速获取最新信息的首选平台。网络空间的信息繁杂,从情绪爆发到不断更新进展,再到最终的平息舆情,网络上的一个新信息点就可能再次引爆舆情。信息的迅速传播也让舆情的走向瞬息万变,网络空间成了浩瀚信息和多元观点的自由市场,每个人都有机会迅速了解全部的相关信息和已存在的各方观点,并迅速将自己包装成其中的一员。

(二) 自主议程

长久以来,传统媒体一直把持着"议程设置"这项功能,利用其自身的权威性和话语权来构建受众应该认知的环境。而传统媒体在设置国家时政类严肃议题时,更要受到来自政府等权威力量的影响。新媒体的出现打破了"媒介接近权"的原有格局③,使人们可以真正关注自己所在意的事物,决定自己的注意力如何分配,而不必陷入传统话语权拥有者(政府、主流媒体)为大众设置的标准化的议题环境中。

(三) 个体模糊

在网络舆情中,每个网民个体的形象往往模糊不清,取而代之的是群体的共同特征。共享同样价值的人结成支持某种立场的舆情力量,共同进退,以群体诉求代替自我诉求,将群体表达视为个人表达。

---

①②　张征、陈海峰:《简论"两个舆论场"的内涵与价值》,《当代传播》2014 年第 3 期。

③　王平、谢耘耕:《突发公共事件网络舆情的形成及演变机制研究》,《现代传播》2013 年第 3 期。

(四) 群体极化

在网络平台中,人们很容易找到与自己有同一价值、同一立场的群体,形成强烈的归属感。在网络社会,人们可以主动选择接触何种信息,一旦将自己的圈子限定在"同类"当中,就免不了经历日复一日的观点"洗脑",愈发局限于自己认为正确的逻辑中。那么这个群体的观点诉求很可能会因内部的不断自我强化和对立方的反向刺激而越来越明晰,甚至越来越极端。

(五) 行动落地

通过网络空间纠集的拥有"共识"的线上群体,将行动从线上转移到线下的成本相对较低。因为网络已经融合了不同个体的共识,把他们打造成了群体的一分子。群体内部的网上讨论不仅较为封闭、安全,而且可以非常便捷地进行分工、部署和组织。因此网络非常适合集聚来自不同地理位置,拥有不同社会背景的人,协调进行统一行动,灵活得调整策略。

第四节　网络舆情前沿研究方法

近年来,学界对网络舆情的研究主要聚焦网络民意的现实问题和困境,对网络民意的"代表性问题""真实性问题"和"群体极化现象"等展开讨论,并将其概括为"网络民意不等于民意"[①]。

研究者们普遍认为,首先,"网络民意"的代表性不足。不仅网民不能代表现实公民,而且活跃网民也不能代表全体网民。从结构来看,网民主要分布在社会中间阶层,社会高层和底层人群较少。此外,互联网上有着大量"沉默网民",网络舆情反映的可能只是这一小部分活跃网民对政治社会的态度。第二,在网络舆情事件中存在操纵舆论走向、公选投票中专业刷票等现象,使得网络舆情本身的真实性被质疑。比如中国社科院《中国新媒体蓝皮书(2014)》的数据显示,2012 年 1 月至 2013 年 1 月的 100 件热点舆情案例中,出现谣言的比例超过三分之一[②]。

---

①②　郑雯、桂勇:《网络舆情不等于网络民意——基于"中国网络社会心态调查(2014)"的思考》,《新闻记者》2014 年第 12 期。

但不可否认的是,随着互联网和新媒体技术迅猛发展,网民数量不断增加,网民结构日益合理,"网络民意"已具有相当的代表性,成为当前中国较为有效的民意表达方式。

复旦大学传播与国家治理研究中心发布的《中国网络社会心态报告(2014)》通过对新浪微博平台上覆盖多元职业、多元社会群体的网络用户进行长期跟踪分析,从社会议题、社会情绪、群体认同与网络行动、社会思潮四个部分全面、系统地深度呈现出当前中国网络的社会心态,归纳出12项网民最关注的议题,分别为:教育、反腐、环保、房价、医疗、宗教、食品安全、民族、收入分配、养老、就业和户籍。网民在互联网所关注的议题内容,对照现实社会几无差异。可见网络已成为民众观点和情绪表达的主要窗口之一。

目前,网络舆情的研究主要可概括为数据采集和分析预判两大部分。

(一) 数据采集

数据采集是网络舆情研究最关键也是最基础的工作。网络信息庞杂海量,快速高效地进行数据采集决定了整个研究的质量。数据采集主要依托网络爬虫、网页去重和分布式技术,通过对热点问题和重点领域比较集中的网站信息,如网页、论坛、微博等进行热点监控,随时抓取最新的消息和意见。对下载至本地的信息进行初步的过滤和预处理;对热点问题和重要领域实施监控。

(二) 分析预判

分析预判则是指运用系统科学的程序与方法对采集到的数据进行甄别、分析和归纳,去伪存真,提炼并整理出具有全局性、趋势性、指导性、预警性和线索性的信息的过程。必须保证分析的高质量,否则舆情的应对和引导就会"事倍功半",错误的信息比没有信息更糟糕。

随着移动端的日益普及,网络舆情的研究重心也发生了一定的转移,移动端舆情的生态情况、发生机制也逐渐受到重视。2017 年,中国已经逐渐从 PC 互联网时代过渡到了移动智能互联网时代,根据 CNNIC 发布的第41 次《中国互联网络发展状况统计报告》,截至 2017 年 12 月,我国手机网民占全国网民的比重达到 97.5％,"手机网民规模达 7.53 亿,实现连续增长。台式电脑、笔记本电脑的使用率均下降,手机不断挤占其他个人上网设备的使用时间"①。公众的意见表达平台逐渐从电脑转移到移动终端,也促使"移动智能终端应用调查平台"的诞生和发展。

移动智能终端应用调查平台连通了调查委托方和公众受访者,前者常常包括各类企业、高校、科研机构、媒体等单位,形成一个批量的、无时限的调查闭环。移动智能终端应用调查平台改变了传统调研方式"一次性"的弊端,调查者可以随时向受访者推送调查,受访者也可以随时进入平台参与调查,在某种程度上实现了两者之间不受时间限制的双向互动。此外,由于移动支付的普及,受访者可以在调查平台上进行领取奖品或酬金,"平台不再只是一个调查工具,而成了一个功能丰富的生态圈"②。

当前,网络舆情的研究也面临着新的挑战。比如大数据时代,对信息的"加工"是基础,与大数据相伴而生的是储存和分析大数据的管理系统,应用在网络舆情的研究中也是如此。例如,Hadoop 是一套面向微博舆情分析的存储和管理系统,可以安全、海量地存储微博数据,"通过关系型数据库 Mysql 和非关系型数据库 Hbase 两者的优点进行 SQL 交互"③,这样的系统在数据存储、数据实时查询、快速检索方面都为研究者提供了便捷的条件。另外,通过 RESTfulWeb 服务和知识库协同驱动,也可以构建突发事件网络舆情实时追踪平台④,建立舆情库,全天候实时更新舆情信息,用数据自动识别和实时追踪代替人工追踪调查,从而大大提高效率和预测效果的准确性。

① CNNIC:《第 41 次中国互联网络发展状况统计报告》,中国互联网络信息中心,http://www.cnnic.net.cn/hlwfzyj/hlwxzbg/hlwtjbg/201801/P020180131509544165973.pdf。

② 郑博斐:《移动传播环境下的移动智能终端应用调查》,参见强荧、焦雨虹主编:《上海传媒发展报告(2017)》,社会科学文献出版社 2017 年版,第 144—153 页。

③ 余辉、黄永峰、胡萍:《微博舆情的 Hadoop 存储和管理平台设计与实现》,《电子技术应用》2017 年第 3 期。

④ 唐明伟:《RESTfulWeb 服务和知识库协同驱动的突发事件网络舆情实时追踪》,《山东大学学报(理学版)》2017 年第 2 期。

第七章

数字产业勃兴

互联网的传播革命带来了新的产业革命。互联网的发明被认为可以媲美蒸汽机的发明,具有划时代的意义,深刻地改变了人类社会的消费模式和商业模式,开启了影响广泛的产业变革。一方面,人们日趋习惯于在网络空间里完成对衣食住行各方面产品和服务的消费,享受着互联网企业所提供的前所未有的消费体验,另一方面,传统产业也借助互联网等技术在组织结构、生产流程、经营方式、商业模式等方面转型升级,并孕育出新的产业形态。

第一节　互联网与新产业革命

一、新产业革命的背景与特征

从技术基础来看,新产业革命依赖于强大的技术支持以及日益完善的技术环境和社会环境。认识到互联网的力量对于人类社会各方面的深刻影响后,各国从战略高度的角度纷纷加强互联网基础设施建设,不断提高网络普及率和宽带速度,同时重视发展以高新技术产业为基础的新型产业,为互联网带动产业革命的发展奠定了良好的基础。而大数据、云计算等技术和移动互联网的发展和应用使得互联沟通的范围进一步扩展,推动着社会生活、产业经济向数据化、信息化、智能化方向发展。从产业升级的角度来看,目前世界经济正处于金融危机后的复苏和重整阶段,各国都在寻找复苏和振兴本国经济的出路,在技术创新的基础上推动产业升级和发展新的商业模式,利用互联网技术来刺激消费、促进产业转型升级,培育新的经济增长点,成为各国重要的战略选择。

新产业革命的特征主要体现在三个方面。首先是泛在互联网化。互联网实现了从 PC 端到移动端的拓展,而随着移动互联网的进一步普及和物联网等技术的发展,终端的形式日趋丰富,世界的连接关系将进一步拓展,人、信息、设备、物品之间的联系将更加广泛和深化,未来的场景将是任何人、任何设备在任何时间、地点都能"触网"。

其次是高度智能化。互联网上的数据在以前所未有的速度和数量进行积累,大数据、云计算等技术使得巨量数据的储存、计算和分析得以实现,信息技术集成应用能够实现智能化识别、定位、跟踪、监控和管理,这些都为企业的组织管理活动和经营决策提供了智能化的操作方法。

最后是融合全面深化。互联网不仅改变了人们的生活方式、消费模式、信息传播方式,而且通过诸多技术手段和平台,实现与各产业的产业链、价值链的创新协同,互联网的力量渗透进每一个产业内部,与产业融合发展,带动创造新的生产模式、流通模式、管理模式、经营模式,并孕育了一批新兴业态。

二、新产业革命的发展阶段

(一) 消费互联网

在互联网商业化的早期阶段,很多商业模式着眼于消费者在互联网上的消费需求,向消费者提供产品和服务,这个阶段也被称为消费互联网时代。在这个阶段先后诞生了门户网站、电子邮箱、搜索引擎、电子商务、在线视频、在线游戏、社交网站等新的商业模式,满足人们信息消费、商品消费、服务消费、娱乐消费等各方面的消费需求。在此阶段,互联网企业的盈利模式有两类:一是通过直接销售商品或服务获取利润,如电商在互联网上直接销售商品;二是通过互联网平台提供产品和增值服务来争取和留存用户,吸引广告商投入广告实现流量变现,因此,消费互联网时代的商业模式也常被称为"眼球经济"模式。

（二）产业互联网

随着移动终端、云计算和大数据等技术的发展，互联网对经济社会的影响从改变消费者的行为扩展到对各个产业的渗透、变革甚至颠覆，开启产业互联网时代。随着移动互联网的发展，网络连接与聚合功能更加强大，用户有了更多的消费入口，消费互联网的模式逐渐向线下实体产业靠拢。互联网通过大数据、云计算、人工智能等更先进的技术，改变和升级传统行业的每一个环节，包括农业、制造业、服务业等多个产业和互联网的融合发展已深刻影响国家经济的发展。

互联网对传统产业的深刻影响具体表现为以下五个方面。

一是企业组织体系的改造和创新。企业的组织架构向扁平化、网络化、虚拟化转型，精简组织结构层次，提高信息在企业内部的传播效率，增强企业对市场需求的快速反应能力，激发企业产品研发和业务创新能力。

二是研发设计环节的改造和创新。互联网在企业和用户之间搭起更加便捷的沟通桥梁，使得企业对市场需求的把握能更加准确和快速。产品研发更加以用户和消费者需求为导向，通过互联网上的大数据，企业可以挖掘消费者的潜在需求，消费者甚至可以直接参与到产品的研发和设计中来，小米手机的研发就是一个典型的例子。

三是生产环节和流程的改造和重构。一方面，通过互联网等技术和软件的应用，企业生产流程可以实现更加智能化、高效化、动态化的管理，提升生产效率；另一方面，随着用户个性化定制需求的日益增长，企业也可以通过对生产流程的智能化控制，实现定制化生产。

四是销售和营销环节的创新。互联网为传统产业的产品和服务提供了更加高效和低成本的推广平台和销售平台，通过大数据分析也可以挖掘消费者的潜在消费特征和消费偏好，从而实现精准营销。

五是企业与外部协同方式的改变。通过互联网平台，企业可以在全球范围内实现与外部组织机构或个体的协同创新，打破地域限制，充分利用外部资源，提高企业在研发、制造、融资等环节的效率。

（三）消费互联网与产业互联网的关系

尽管消费互联网和产业互联网在技术基础、主导因素、产生的影响等方面不尽相同，但两者并非完全割裂的关系，而是融合共存、逐渐拓展、逐渐深化的过程。从技术基础来看,消费互联网的发展主要是由于个人电脑、智能终端以及上网成本的下降等因素推动的,而产业互联网则在此基础上,通过移动互联网的进一步普及和大数据、云计算、物联网等相关技术的发展来推动。从作用点来看,互联网的量从消费侧拓展至生产侧。消费互联网时代关注消费者的消费需求,诞生了许多新的商业模式,产业互联网时代不仅关注消费者的需求,更关注互联网对各产业内部诸多环节的改造升级,增强产业的发展效能。从连接关系来看,消费互联网时代实现的是人与信息、人与人之间的连接,工业互联网时代则进一步拓展了这两种关系,并实现物与物、人与物之间的连接,连接关系更加泛在化。

三、新产业革命作为国家战略

在互联网对传统产业带来的产业变革中,制造业与互联网的融合发展成为各国关注的重点。欧美等发达国家和地区纷纷推行“再工业化”战略,积极抢占未来先进制造业的制高点,争取在新一轮工业革命中的主动权。最为人熟知的是美国的“工业互联网”以及德国的“工业 4.0”战略,我国也在“两化”深度融合的战略上进一步提出《中国制造 2025》发展战略。

(一) 德国的“工业 4.0”战略

“工业 4.0”战略是德国在互联网革命和大数据革命爆发之际,为保证德国工业在全球竞争中立于不败之地而提出的制造业发展新战略。德国“工业 4.0”的概念起源于 2011 年德国汉诺威工业博览会,后在德国工程院、佛劳恩霍夫协会、西门子公司等学术界和产业界的大力推动下上升为德国国家战略①。2013 年,由多领域专家组成的德国工业 4.0 工作组发布了专门报告《保障德国制造业的未来:关于实施“工业 4.0 战略的建议”》。

该战略旨在通过依托信息技术、互联网和物联网技术将资源、信息、物品和人进行互联,以建立起高度灵活的个性化、数字化产品与服务生产模

---

① 李立维等编:《洞悉“互联网＋”:风已至·势必行》,人民邮电出版社 2016 年版,第 32 页。

式,推动制造业向智能化转型①。该战略核心是"智能化＋网络化",将物理设备连接到互联网上,运用物联网技术建立虚拟—实体系统,建立虚拟网络世界和现实物理世界的连接网络是实现该战略的基础。通过建立智能工厂,打造智能化的生产流程,通过动态的资源配置优化生产线,提升全流程效率,实现规模化定制生产,建构一个高度灵活的个性化和数字化的智能制造模式。

(二)美国的"工业互联网"

2012 年底,通用电气发布《工业互联网:突破智慧与机器的界限》白皮书,首次提出"工业互联网"概念②,指出工业互联网是数据、硬件、软件与智能的流动和交互,即通过先进的传感网络、大数据分析、软件来建立具备自我改善功能的智能工业网络③。在 GE 的倡议下,美国电话电报公司、思科公司、通用电气公司、英特尔公司和美国国际商用机器公司于 2014 年初成立"工业互联网联盟",旨在打破行业和地区的技术壁垒,促进物理世界与数字世界融合。截至 2015 年 6 月 30 日,该联盟的成员已经拓展到 170 家成员单位,囊括了来自亚洲、欧洲、拉丁美洲和北美洲等地区的企业、高校及研究机构。

与德国工业 4.0 更加强调"硬"制造,强调生产制造过程的智能化不同的是,美国的工业互联网更加强调生产制造的效率目标,关注基于联网设备的数据采集、分析和价值转化,用以降低成本、改进效率。

(三)我国的"两化"深化融合与《中国制造 2025》

中国共产党十七大提出"大力推进信息化与工业化融合",十八大又进一步提出"两化"深度融合,推动信息化与工业化融合在更大的范围、更细的行业、更广的领域实现提升和创新。工业互联网则为"两化"深度融合提供了重要的抓手,为提高生产效率和产业升级提供了新的机遇。2015 年 3 月

---

① 中国国际经济交流中心课题组:《互联网革命与中国业态变革》,中国经济出版社 2016 年版,第 290 页。

② Annunziata, Marco, Peter C. Evans, " Industrial Internet: Pushing the Boundaries of Minds and Machines," *General Electric* , Nov. 26, 2012.

③ 杨帅:《工业 4.0 与工业互联网:比较、启示与应对策略》,《当代财经》2015 年第 8 期。

5 日,李克强总理在全国两会上作《政府工作报告》时首次提出《中国制造2025》的宏大计划。"中国制造 2025"以促进制造业创新发展为主题,以提质增效为中心,以加快新一代信息技术与制造业深度融合为主线,以推进智能制造为主攻方向,以满足经济社会发展和国防建设对重大技术装备的需求为目标①。通过建设信息物理系统实现资源、信息、设备和人之间的互通互联,推动形成智能制造,其实质是把制造业的发展模式从资源驱动变为技术和信息、数据驱动。

在《中国制造 2025》颁布后,2016 年国家相关部门又相继颁布了《国务院关于深化制造业与互联网融合发展的指导意见》以及《智能制造发展规划(2016—2020 年)》,进一步推动制造业与互联网融合发展。

第二节　全球互联网产业升级

新一轮产业革命实质是抢占以互联网为基础的产业发展制高点,在未来全球经济发展中占据领先地位。强化在互联网经济领域的主导权,推动互联网产业发展,是顺应互联网时代发展趋势的客观要求,也是各国提升国际竞争力的共同选择。

一、从"互联网＋"到数字经济

(一)"互联网＋"行动计划

2015 年两会期间,国务院总理李克强在政府工作报告中提出"制定'互联网＋'行动计划,推动移动互联网、云计算、大数据、物联网等与现代制造业结合,促进电子商务、工业互联网和互联网金融健康发展,引导互联网企业拓展国际市场"。两会授权发布的《政府工作报告中相关词语的注释》中对"互联网＋"的解释为:"'互联网＋'代表一种新的经济形态,即充分发挥

---

① 王喜文:《新工业革命背景下的"中国制造 2025"》,《中国发展观察》2015 年第7 期。

互联网在生产要素配置中的优化和集成作用,将互联网的创新成果深度融合于经济社会各领域之中,提升实体经济的创新力和生产力,形成更广泛的以互联网为基础设施和实现工具的经济发展新形态。'互联网＋'行动计划将重点促进以云计算、物联网、大数据为代表的新一代信息技术与现代制造业、生产性服务业等的融合创新,发展壮大新兴业态,打造新的产业增长点,为大众创业、万众创新提供环境,为产业智能化提供支撑,增强新的经济发展动力,促进国民经济提质增效升级。"即互联网在互联网经济形态中扮演着基础设施和实现工具的角色,新一代的信息技术与各行业深度融合创新,发展新兴业态。2015 年 7 月,国务院发布了《关于积极推进"互联网＋"行动的指导意见》,这是我国应对互联网经济浪潮,促进互联网与经济社会融合发展作出的重大战略部署。

"互联网＋"的实质是强调一种基于信息技术的连接关系,经济社会的各个组织机构和个体都通过互联网连接在一起,每个产业和企业与互联网的深度融合关系,并非只是简单的在组织方式和管理流程上的在线化和网络化,而是基于互联网时代新的生产和消费关系创新管理决策方式、产品服务模式,实现组织管理更加智能化、消费者服务更加人性化、产业智转型升级更加高效。一方面,消费者在衣食住行等方面日益增长的消费需求以及随着互联网的发展消费者消费习惯的改变,倒逼各行各业从生产制造到产品营销等各个环节进行改革创新;另一方面,新技术的发展创造了新的市场需求,数量庞大的消费者与更广阔的产业相连接,推动了新兴业态的发展。

（二）数字经济

"数字经济"的战略规划与"互联网＋"行动计划一脉相承,都是为了促进互联网等信息技术与现代经济社会融合发展,提升经济发展效能。2016 年两会期间,国务院总理李克强在作政府工作报告时表示"推动'互联网＋'深入发展,促进数字经济加快成长,让企业广泛受益、群众普遍受惠"。这是"数字经济"第一次被写入政府工作报告。根据 G20 杭州峰会发布的《二十国集团数字经济发展与合作倡议》,所谓"数字经济"是指"以使用数字化的知识和信息作为关键生产要素,以现代信息网络作为重要载体,以信息通信技术的有效使用作为效率提升和经济结构优化的重要推动力的一系列

经济活动"①。当前,数字经济对经济的辐射带动作用显著增长,对于数字经济的布局和规划已成为各国占领经济发展制高点的重要举措。

二、我国互联网产业发展现状

(一) 互联网市场巨大,数字经济成为经济重要组成部分

截至 2017 年 12 月,我国网民规模高达 7.72 亿,普及率达到 55.8%,超过全球平均水平(51.7%)4.1 个百分点,超过亚洲平均水平(46.7%)9.1 个百分点②。同时我国是世界第二大经济体,人口众多,产业规模庞大,这决定了我国未来互联网市场发展潜力巨大。

数字经济在我国经济发展中的地位日趋重要。中国信息化百人会的研究报告显示,2016 年我国数字经济规模达到 22.6 万亿元人民币(3.4 万亿美元),进一步巩固了全球第二大数字经济大国地位。报告还指出,2016年,全球发达国家(美、日、德、英)信息经济占 GDP 比重在 50% 左右,成为拉动经济增长的重要动力。而 2002—2016 年,中国数字经济占 GDP 比重从11% 提升到 30.3%,但仍低于全球主要发达国家 20 个百分点左右③(见图7-1)。这表明,我国数字经济发展的巨大潜力尚未得到充分挖掘,未来我国数字经济对经济的拉动仍有很大的空间。随着我国"互联网+"战略的深化发展,数字经济将为我国经济发展做出更大的贡献。

(二) 互联网企业规模大,营收集中度较高

近年来,我国互联网企业凭借着中国的规模优势以及发展迅速的业务创新,龙头互联网企业已经跻身世界互联网企业前列。在 2017 年世界市值

---

① 《二十国集团数字经济发展与合作倡议》,中国网信网,http://www.cac.gov.cn/2016-09/29/c_1119648520.htm。

② CNNIC:《第 41 次中国互联网络发展状况报告》,中国互联网络信息中心,http://www.cnnic.net.cn/hlwfzyj/hlwxzbg/hlwtjbg/201801/t20180131_70190.htm。

③ 据《2017 年中国数字经济发展报告——迈向体系重构、动力变革、范式迁移的新阶段》,该报告是中国信息化百人会连续第四年发布中国数字经济(信息经济)的年度研究报告,由中国信息化百人会联合中国信息通信研究院、国家工业信息安全发展研究中心、中国电子信息产业发展研究院、埃森哲、国家信息中心、中国电信、滴滴出行、清华大学经济管理学院等单位共同研究完成。

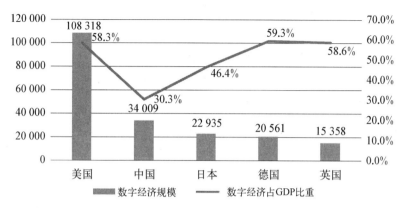

图 7-1 中、美、日、德、英五国数字经济规模及数字经济占 GDP 比重(单位：亿美元)

最高的 20 家互联网公司中,我国互联网公司占据 7 席①。根据中国互联网协会、工业和信息化部发布的《2017 年中国互联网企业 100 强分析报告》,我国互联网百强企业 2016 年互联网业务收入总规模达到 1.07 万亿元,首次突破万亿元大关,同比增长 46.8%,带动信息消费增长 8.73%。互联网百强企业 2016 年营业利润总额为 1 362.86 亿元,平均营业利润率达到 9.44%。79 家企业实现盈利,盈利企业的利润总额为 1 569.59 亿元,平均营业利润率高达 21.51%,11 家企业的营业利润率超过了 40%。但同时百强企业的营收集中度也更加明显,"两超"格局愈发凸显,腾讯和阿里巴巴的互联网业务收入达到 2 958 亿元,利润达到 997.52 亿元,分别占百强互联网业务总收入的 28% 和营业利润 73.2%;前五名的互联网业务收入占百强总互联网业务收入的一半以上,前五十名占到 95%。

(三) 电子商务、互联网金融等领域发展迅速

目前在各细分领域中,电子商务、互联网金融等领域发展迅速。

2016 年中国电子商务交易规模 22.97 万亿元,同比增长 25.5%②。电

---

① 《2017 年的互联网趋势报告——互联网女皇报告》,腾讯科技,http://www. sohu. com/a/146643532_203947。

② 《2016 年度中国电子商务市场数据监测报告》,中国电子商务研究中心,2017 年 5 月 24 日,http://www. 100ec. cn/zt/16jcbg/。

子商务向移动端的渗透助推了网购市场的发展,各类垂直平台推动了市场的细分化和专业化,并提升了流通体系的服务水平,O2O 领域的生态布局进一步深化,跨境网购电商也在近年来获得了快速发展。

在互联网金融领域中,近年来我国互联网金融产业仍保持高速发展,互联网金融产业已经涵盖了多种金融服务领域,包括第三方支付、P2P 借贷以及众筹等,第三方支付尤其是第三方移动支付领域增长尤其迅速。2016 年我国第三方互联网支付交易规模为 19.13 万亿元,较 2015 年的 11.87 万亿元增长 61.16%[①]。2016 年中国第三方移动支付交易规模达到 58.8 万亿元,同比增长率超 300%,达 381.9%。随着智能手机的普及和二维码支付市场的爆发,消费者从 PC 端向移动端的迁移速度加快[②]。

三、世界范围内的互联网产业

顺应互联网发展趋势,世界各地区各国普遍将互联网经济作为未来主要经济增长点,积极推动互联网基础设施建设和信息产业转型升级。截至 2017 年 12 月 31 日,全球的互联网用户数为 41.57 亿,普及率为 54.4%。其中亚洲地区拥有最多的互联网用户数,为 20.24 亿,随后是欧洲地区(7.05 亿)、拉美地区(4.37 亿)、非洲地区(4.53 亿)、北美地区(3.46 亿)、中东地区(1.64 亿)和澳洲地区(0.28 亿)。互联网普及率最高的是北美地区,普及率为 95%,随后是欧洲地区(85.2%)、澳洲地区(68.9%)、拉美地区(67%)、中东地区(64.5%)、亚洲地区(48.1%)和非洲地区(35.2%)[③](见图 7-2)。

(一) 北美地区互联网普及率最高,美国处于全球互联网产业领先地位

北美地区是世界上互联网基础设施最完善的地区之一,互联网普及率位居全球各地区首位,其中表现最为突出的国家是美国,美国凭借其在互联

---

① 《2017—2023 年中国第三方支付市场深度评估及未来发展趋势报告》,智研咨询,http://www.chyxx.com/industry/201709/559813.html。

② 《2017—2022 年中国第三方移动支付行业市场前景及投资机会研究报告》,中商产业研究院,http://www.askci.com/news/chanye/20171206/150233113453.shtml。

③ 数据来源:http://www.internetworldstats.com/stats.htm。

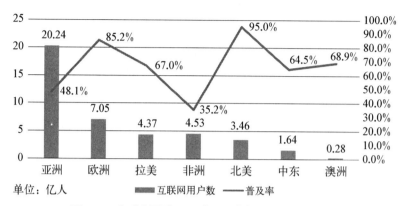

图7-2　全球主要地区互联网用户数和互联网普及率

网领域的先发优势,在全球占据着互联网产业领导者的地位,不仅拥有数量众多的互联网企业,且世界主要互联网巨头多数创立于美国,包括 Google、Yahoo、Amazon 等。这与美国政府一直以来从政策层面鼓励信息通信业发展密切相关。从1993年的"信息高速公路计划"到2010年的"国家宽带战略",美国一直注重从国家战略高度层面推动互联网基础设施建设,充分发挥信息通信技术对美国经济的推动作用。2012年3月,美国宣布投资2亿美元启动"大数据研究和发展计划",抢占大数据战略制高点,促进大数据工具的研发和知识体系的开发,并将之运用于促进国家经济发展和公共建设方面。

(二)欧洲地区重视信息化社会建设,但缺乏互联网企业巨头

欧洲各国尤其是欧盟,在促进信息化社会和互联网经济发展方面也采取了相应的举措。在2000年,欧盟提出了21世纪头十年的发展战略,提出建设"欧洲网络指导框架"构想,投资建设信息基础设施和泛欧乃至联通全球的网络①。2010年3月欧盟委员会出台《欧洲2020战略》,把"欧洲数字化议程"作为七大创议之一,数字化议程以实现"聪慧增长"为目标,即实现以知识和创新为基础的经济增长。

凭借着经济发展优势和在互联网战略层面的重视,欧洲成长为世界上

---

① 孙宝文主编:《互联网经济:中国经济发展的新形态》,经济科学出版社2014年版,第204页。

互联网基础设施最完善的地区之一,互联网用户数和普及率均居全球各地区第二位,但欧洲地区没有在市值规模上能与中美互联网巨头相媲美的互联网企业。原因之一是欧洲国家数量众多,且每个国家都保留着自己独特的语言和文化,语言上的障碍使得欧洲创立的互联网企业只能局限在本国市场内而难以向整个欧洲地区拓展。而且欧洲国家人口数量不高,人口最多的德国也只有8 000多万人口,缺乏庞大的用户基础,互联网企业难以发展。

(三) 亚洲地区互联网产业发展两极分化

亚洲地区幅员辽阔,国家间经济和人口发展程度不一,其互联网发展状况也存在较大差别。亚洲地区拥有全球最大的互联网市场,联合国宽带委员会发布的《2016 宽带状况》报告显示,中国以7.21亿网民人数成为全球第一大互联网市场,印度则以3.33亿网民人数成为全球第二大互联网市场。韩国、卡塔尔和阿拉伯联合酋长国位居全球家庭互联网普及率最高的国家前三名,家庭宽带普及率分别为98.8%、96%和95%。但同时,中国、印度、印度尼西亚、巴基斯坦、孟加拉和尼日利亚的未连通人口占全球未连通人口的55%[1]。

韩国是世界上互联网基础设施最完善的国家之一。根据Akamai《2017年第一季度互联网状况报告》,韩国宽带网络的平均连接速度为28.6 Mbs,位居世界之首。我国幅员辽阔,地区间经济发展和信息产业发展水平不一,在互联网基础设施方面仍有较大提升空间,但是我国互联网市场巨大,互联网企业实力强,在2017年世界市值最高的20家互联网公司中,美国占了12家,亚洲国家占了8家,其中日本占1席,我国占7席。排名前三的是腾讯、阿里巴巴和百度。此外,仅次于中国的全球第二大互联网市场印度也超越美国成为全球第二大智能手机市场,有望成为未来推动移动网络服务增长的主要力量。

(四) 澳洲地区信息通信产业强力助推经济发展

澳洲地区地广人稀,虽然互联网用户数不高,但是2015年互联网普及

---

[1] 《联合国报告:中国和印度成为世界上最大的互联网市场》,人民网,http://world.people.com.cn/n1/2016/0917/c1002-28719038.html。

率达 73.3%。且信息通信产业在澳大利亚的经济增长中扮演着重要的角色。OECD 的一项研究结果显示,从 2004 至 2013 年,信息通信行业对澳大利亚劳动生产力的贡献率超过 50%①。2015 年,移动技术通过促进生产力的提高和远程工作的发展为澳大利亚经济贡献了 429 亿澳元(约合人民币 2 110 亿元)②,这一贡献值占澳大利亚 GDP 的 2.6%②。澳洲地区也鲜见有世界影响力的互联网巨头,主要的互联网企业有本土电商 Catch Group、交友网站 RSVP 等。

第三节 互联网企业的迅猛崛起

企业是产业发展的核心主体,各类互联网企业是互联网和互联网经济的主要驱动者,其业务、技术、管理等方面的创新,促进了互联网经济的蓬勃发展。

一、互联网企业的定义与分类

不同学者根据研究视角的不同,对互联网企业的定义也不尽相同。综合来看,狭义的互联网企业指的是利用互联网技术和手段,基于互联网平台提供各类产品和服务的企业,广义的互联网企业包含互联网产业链的全部环节,除了狭义的互联网企业,还包括为实现互联网终端业务而提供互联网基础设施、接入设备以及各类软硬件服务的企业。

对于互联网企业的分类,比较经典是的德州大学的分类方法。该分类方法将互联网企业分为四类:互联网基础设施的制造或供应企业、互联网应用企业、互联网媒介和内容服务企业以及互联网在线商务企业。本书结合该分类方法、学者陈轴的定义以及《中国互联网企业 100 强评价报告》《中

---

① 陈芸芸:《澳大利亚云产业概况(上)》,中国经济网,http://intl. ce. cn/specials/zxgjzh/201407/15/t20140715_3160614. shtml.

② 张运洪:《移动技术去年为澳大利亚 GDP 贡献 2.6%》,中国信息产业网,http://www. cnii. com. cn/internation/2016-03/23/content_1709061. htm。

国互联网发展报告》等文献,将广义和狭义的互联网企业分类如下。

(一) 基础层互联网企业

该类互联网企业以提供网络运营所需要的基础设施为主,包括网络设备、网络接入服务等。如思科、华为、中国移动、中国电信等。

(二) 服务层互联网企业

该类企业开发和提供互联网网络设备应用软件,使得在互联网基础设施基础上的互联网活动具有可行性,并提供相应的技术咨询等服务。如国外的微软、Redhat、Oracle,国内的金山、奇虎360等。

(三) 应用层互联网企业

该类企业即狭义的互联网企业,主要基于互联网平台提供信息服务、商务服务、娱乐休闲服务、社交服务等服务和产品的互联网企业。

1. 综合型互联网企业

根据《2016年中国互联网100强报告》,前五名互联网业务收入总和占百强企业互联网业务收入的61%,收入集中度较高,大企业的竞争优势明显。实际上,我国一些互联网企业巨头发展的互联网业务并非单一的,而是提供多种互联网业务。我们称之为综合型互联网企业。如阿里巴巴集团凭借电子商务发展壮大,如今其互联网业务不仅包括电子商务,还跨足互联网金融、云端、互联网影视等多个业务;腾讯公司靠社交平台起家,如今凭借强大的用户基础,在互联网金融和网络游戏方面的业务也居行业领先地位。网易不仅提供门户网站的新闻资讯、邮箱等服务,还发展了电子商务、在线音乐等业务,其网络游戏业务更是营收的主要贡献者。

2. 细分领域的互联网企业

(1) 电子商务类互联网企业。电子商务是指依托电子工具和网络技术开展商务贸易活动。从事电子商务的互联网企业主要基于互联网等平台,面向消费者个人、企业或者政府机构单位提供商务信息、产品,或者为交易主体之间的商务交易提供网络交易平台等。目前,随着电子商务的发展,电子商务不仅包括购物的行为,还包括物流配送、电子货币交换、供应链管理、网络营销、在线事务处理等行为。按照交易对象的不同,电子商务可以分为多种类型,主要有B2B(企业对企业的电子商务)、B2C(企业对消费者的电子商务)、C2C(消费者对消费者的电子商务)。其中B2C模式是中国最早产生的电子商务模式,最为熟知的电子商务网站包括天猫商城、京东商城、苏宁易购、亚马逊、唯品会等。B2B电子商务是电子商务的主体,2016年中国B2B电子商务市场交易规模16.7万亿元,同比增长20.14％;2016年中国B2B电子商务平台营收规模260亿元,同比增长18.18％。从市场份额排名来看,在2016年排名前三的分别为阿里巴巴、慧聪网和环球资源,份额分别为43％、7.5％和4.1％[①]。

（2）休闲娱乐类互联网企业。该类互联网企业主要提供网络视频、网络游戏、音乐等休闲娱乐服务并从中获取利润。网络视频类企业以优酷土豆网、爱奇艺、乐视网等为代表,除了传统的通过会员特权、点播模式以及广告业务获取收入外,还通过延伸产业链,发展互联网电视一体机与互联网盒子等业务获取销售收入。此外,近年来兴起的直播平台成为该类企业的重要组成部分,二次元视频网站如bilibili弹幕视频网和AcFun弹幕视频网也受到资本热捧。对于网络游戏业务,目前腾讯和网易的游戏业务占据了网络游戏（包括PC端和移动端）的高市场份额,其他具有代表性的网络游戏类互联网企业还包括盛大游戏、完美世界、巨人网络等。近年来随着移动互联网和移动设备的发展,网络游戏类互联网企业纷纷布局手游业务,手游得到快速发展,取代端游成为推动游戏行业增长的主要动力。

（3）通讯社交类互联网企业。该类互联网企业主要提供即时通讯服务或社区交友等满足沟通交往需要的服务。其中即时通讯服务包括个人间即时通讯、商务即时通讯和企业即时通讯等[②]。个人即时通讯主要是个体用户之间的交流互动,主要用于交友、聊天、娱乐等。商务即时通讯,即为了方便商务联系的信息沟通手段。企业即时通讯,即为企业机构提供的方便企业内部办公、交流的通讯服务。社交类互联网企业主要运营社交网站,为人们建立互联网上的社交平台,主要靠向用户收取服务费、向广告主收取广告费以及嵌入网站的其他业务收入作为利润来源,如人人网、百合网等。

（4）信息服务类互联网企业。主要包括提供资讯服务的网站以及提供信息检索服务的搜索引擎。前者主要提供新闻资讯或某垂直领域的信息服

---

① 《2016年度中国电子商务市场数据监测报告》,中国电子商务研究中心,2017年5月24日,http://www.100ec.cn/zt/16jcbg/。

② 金京编:《互联网产业现状与发展前景》,广东经济出版社2015年版,第84页。

务,包括门户网站以及专门提供新闻资讯的网站或产品,如今日头条基于个性化推荐的引擎技术,根据对用户的兴趣、位置等多维度进行分析,向用户个性化推荐新闻、音乐、电影、游戏、购物等资讯,垂直领域的资讯网站包括金融资讯类网站等。搜索引擎是根据一定的算法组织从互联网上搜集信息并将用户检索的相关信息展示给用户的服务。主流的盈利模式是在搜索结果页面设置广告,搜索引擎公司根据用户的点击情况向广告主收取费用。

二、国内外互联网企业发展现状

(一) 国外互联网企业发展历程

在 20 世纪 90 年代以前,互联网的使用局限于研究与学术领域,商业化进程尚未启动。1991 年,美国的三家公司分别经营着自己的 CERFnet、PSInet 以及 Alternet 网络,可以在一定程度上向客户提供互联网联网服务,并组成了"商用互联网协会"(CIEA),宣布用户可以把它们的互联网子网用于任何商业用途。商业机构开始踏入互联网[①]。随后互联网接入服务、互联网软件服务等业务得以较快发展。互联网的商业浪潮推动了众多互联网服务的发展。1994 年,世界最大的互联网门户网站雅虎成立。1995 年,两家著名的电子商务公司亚马逊和 Ebay 成立。1998 年,Google 在美国斯坦福大学的学生宿舍内创立,创立之初主要提供在线搜索引擎的服务。

在这波互联网商业浪潮中,互联网广告服务业应运而生,网络广告是当时互联网企业主要的盈利来源。互联网的快速发展以及所面向的庞大用户数,使得互联网的未来发展被高度看好,加之 1999 年左右美国处于相对低息的阶段,大量资本涌向互联网企业。互联网经济泡沫从欧美市场开始,随后蔓延至亚洲相关股市乃至中国的新兴股市。2000 年 3 月,纳斯达克综合指数攀升到 5 048,网络经济泡沫达到最高点,随后泡沫开始破裂。大量互联网公司资金链断裂,或破产或大量裁员。互联网企业经历了一次重大冲击及洗牌,只有少部分公司生存下来并继续发展,其中不乏很多互联网巨头。

---

① 金京编:《互联网产业现状与发展前景》,广东经济出版社 2015 年版,第 5 页。

最近 10 多年,国外互联网企业获得了快速发展。在搜索引擎、电子商务、在线影视、在线社交、在线旅游、网络游戏等细分市场中,涌现出一大批互联网企业。包括视频分享网站 YouTube、社交网站 Facebook 和 Twitter 等。

(二) 我国互联网企业发展历程

1. 起步阶段(1997—2002 年)

我国互联网起步较晚,虽然在 1994 年全功能接入国际互联网,但我国互联网企业的发展始于 1997 年。在发展早期,我国互联网企业主要借鉴国外互联网企业发展的业务模式,包括搜索引擎、即时通讯、免费邮箱等。1997 年张朝阳创办了爱特信 ITC 网站,一年后模仿雅虎推出了第一家中文搜索引擎搜狐。1997 年 6 月,网易公司成立,次年突破电子邮件业务开展门户网站业务。1998 年,四通利方与美国华渊资讯网合并,新浪网创立。因此 1998 年也被称为网络门户元年。同年,腾讯成立,次年模仿 ICQ 推出了即时通讯服务 OICQ,即 QQ 的前身。2000 年全球最大的中文搜索引擎公司百度成立。

我国互联网企业第一次上市潮也发生在 2000 年前后,当时也正逢美国互联网经济泡沫达到高点的时期,国内的中华网、新浪、网易、搜狐分别于 1999 年 7 月和 2000 年 4 月、6 月、7 月上市,成为国内互联网企业打开融资渠道的第一批先行者。但随着美国互联网经济泡沫的破裂,国内上市互联网企业的股价也跌到谷底。

2. 快速发展阶段(2003—2007 年)

尽管资本环境不如从前,但随着互联网基础设施的发展以及用户规模的快速增长,该阶段我国互联网企业发展逐步走上快速发展的轨道,主要体现在商业模式的日益丰富和资本市场的回暖。截至 2003 年,国内互联网用户从 1996 年末的 20 万增长到超过 5 000 万。门户网站、搜索服务、即时通讯、免费邮箱等服务受到用户欢迎。新浪、搜狐和网易在 2004 年公布的 2003 年业绩报告显示,2003 年首次迎来了全年度盈利。2004 年,国内互联网公司开始了第二轮境外上市热潮,TOM 互联网集团、盛大网络、腾讯、前程无忧网等纷纷在海外上市。2003 年推出的支付宝服务在 2005 年开始大力推广。2005 年,中国博客迅速发展,SNS 社交的概念也开始渐渐被接受。

2007年,腾讯、百度、阿里巴巴市值先后超过100亿美元。中国互联网企业跻身全球最大互联网企业的行列。

3. 全面发展阶段(2008年至今)

从2008年至今,国内互联网企业的商业模式得到极大丰富,涉及民众生活的方方面面。2010年被称为中国的微博元年,新浪、腾讯、百度等互联网企业均推出了微博服务,微博的盛行改变了信息分享、传播的模式和沟通交流的方式。随着电子商务的发展,B2B、B2C、O2O等商务模式得到快速发展,O2O模式在垂直电商、团购、社交等多个细分领域得到运用,众多互联网企业纷纷布局O2O生态。2013年被称为大数据元年和互联网金融元年,互联网金融深刻改变了金融业的运作模式,大数据也被认为是未来互联网行业发展必不可少的工具和要素。互联网企业的业务涉及民众衣食住行的各个方面。此外,随着移动互联网的发展,众多互联网企业也纷纷布局移动端业务。随着国内互联网企业的发展壮大,在国际市场上也占据越来越重要的地位。在2015年世界市值最高的20家互联网公司中,美国占了12家,亚洲国家占了8家,其中我国占7席[1](见表7-1)。

表7-1　2017年全球市值最高的20家互联网公司[2]

排名	公　司　名　称	所在地区	市值(单位:十亿美元)
1	苹果(Apple)	美国	801
2	谷歌母公司(Google-Alphabet)	美国	680
3	亚马逊(Amazon)	美国	476
4	脸书(Facebook)	美国	441
5	腾讯(Tencent)	中国	335
6	阿里巴巴(Alibaba)	中国	314
7	Priceline	美国	92
8	Uber	美国	70
9	Netflix	美国	70

[1][2] 《2017年的互联网趋势报告——互联网女皇报告》,腾讯科技,http://www.sohu.com/a/146643532_203947。

排名	公　司　名　称	所在地区	市值(单位：十亿美元)
10	百度(Baidu)	中国	66
11	Salesforce. com	美国	65
12	Paypal	美国	61
13	蚂蚁金服(Ant Financial)	中国	60
14	京东(JD. com)	中国	58
15	滴滴 快的(Didi Kuaidi)	中国	50
16	雅虎(Yahoo!)	美国	49
17	小米(Xiaomi)	中国	46
18	eBay	美国	38
19	爱彼迎(Airbnb)	美国	31
20	雅虎日本(Yahoo! Japan)	日本	26
总　　计			3 827

三、世界互联网企业巨头

(一) 阿里巴巴：互联网电子商务平台起家的生态型企业

阿里巴巴集团由以马云为首的 18 人于 1999 年在中国杭州创立。秉承"让天下没有难做的生意"的理念，阿里巴巴由互联网电子商务平台业务起家，目前业务范围已涵盖核心电商、云计算、互联网金融、物流、数字媒体和文化娱乐等多个板块，构建了更加完整的生态系统。按照马云的说法："我们的生态系统，是帮助中小企业在融资上、在寻找客户上、在解决物流问题上、在跨境贸易上有更多的(便利)。"[①]阿里巴巴的目标是构筑未来商业的基础设施。

电商业务是阿里巴巴的核心业务，也是商业生态中的交易市场平台。

---

① 《马云汇款：阿里要做生态圈不做帝国 有几个帝国有好下场》，新华网财经频道，http://news. xinhuanet. com/fortune/2015-11-16/c_128433439. htm。

依托互联网构建的电子商务平台,阿里巴巴实现了市场交易主体的有效连接,并积累了庞大的用户群,这成为构建生态圈的有利土壤。目前这一板块的业务包括以下平台:淘宝网成立于 2003 年 5 月,是中国最受欢迎的 C2C 购物网站,展示数以亿计的产品和服务信息,为消费者提供种类丰富的产品和服务。2011 年 6 月,阿里巴巴将淘宝网分拆为三家独立的公司:淘宝网,淘宝商城和一淘,以更精准和有效地服务客户。2012 年 1 月,淘宝商城宣布更改中文名为天猫,天猫是中国领先的平台式 B2C 购物网站,是中国最大的为品牌和零售商而设的第三方平台。每年 11 月 11 日的"双十一"购物狂欢节,天猫都会举办大规模促销活动,引发全民购物狂潮,2016 年天猫"双十一"当天交易额超 1 207 亿元,同比增长 32.3%,其中无线交易额占比 81.87%。此外,聚划算是专注于限时促销的销售和营销平台;阿里巴巴集团最先创立的业务阿里巴巴国际交易市场,作为领先的英语全球批发贸易平台,连接的是来自全球 200 多个国家和地区的贸易代理商、批发商、零售商、制造商及中小企业;1688 作为网上批发平台,为在阿里巴巴集团旗下零售市场经营业务的商家提供了从本地批发商采购产品的渠道,满足淘宝平台卖家的采购需求。全球速卖通是全球消费者零售市场,世界各地的消费者可以通过全球速卖通以实惠的价格从中国制造商和分销商购买多种不同的产品。

目前阿里巴巴的金融业务主要由旗下的蚂蚁金融服务集团开展,专注于服务小微企业和普通消费者。金融的根本业务可分为存、贷、汇三块,阿里的金融生态圈也覆盖了这三点,形成了生态闭环。2003 年支付宝上线,标志阿里巴巴开始开展"汇款"业务,支付宝起源是"第三方担保交易模式",从淘宝网分离后开始做支付业务,2011 年拿到支付牌照后开始涉足基金、保险等金融业务。阿里巴巴的"存款"业务则主要是余额宝,余额宝是支付宝跟天弘基金的合作项目,与传统金融不同,余额宝争取的客户群是数量庞大的小微客户,截至 2015 年底总规模达到 6 206.9 亿元[1],余额宝的成功主要在于"便捷性+低门槛+高流动性+高收益+应用

---

① 易观国际:《大数据为你描绘理财类 APP 用户画像》,人人都是产品经理,http://www.woshipm.com/it/416302.html。

场景"。贷款环节则是"阿里小贷"业务,阿里巴巴分别在浙江和重庆建立三家小贷公司,借助于"诚信通+大数据"开展贷款业务,把资金贷款给小微企业,并通过资产证券化,即将债权作为投资类产品出售给个人投资者,盘活资金。

此外,菜鸟网络作为阿里巴巴集团的关联公司,其经营的物流数据平台既为商家和消费者提供实时数据,也向物流提供商提供有助其改善服务效率和效益的数据。在以上这些业务中,借助大数据和云计算的技术,阿里巴巴能够将交易数据、物流数据等信息流实现最大化利用。

(二) Facebook——致力于联通全球的社交网络帝国

Facebook 是全球最大的基于真实用户信息的社交网络平台,于 2004 年 2 月 4 日上线,主要创始人为马克·扎克伯格,总部位于美国加州门罗帕克。Facebook 创立之初定位为校友联系平台,向大学生提供实体社区不能获取的信息服务,从哈佛大学开始,影响力扩展至全球众多学校,并最终开放给所有愿意提供真实个人信息的用户。根据 Facebook 2016 财年第三季度财报,第三季度月活跃用户数已达到 17.9 亿元,同比增长 16%,同时,Facebook 移动端月活跃用户数达 16.6 亿。根据市场调研公司尼尔森的报告,Facebook 成为全美最受欢迎的智能手机应用[1]。

目前 Facebook 上提供给用户的主要功能包括:墙,即用户档案页上的留言板;"戳一下"即 Poke,和朋友交互的一种方式;状态,用户可以看到其他用户的动态;礼物,用户间可以互送虚拟礼物;活动,帮助用户通知朋友们将发生的活动,帮助用户组织线下的社交活动;视频,用户可以上传视频;应用程序接口,第三方软件开发者可开发与 Facebook 核心功能集成的应用程序;直播,向所有用户开放直播功能、开放社团和活动专页直播等。Facebook 对平台上的所有个人用户免费,其最主要的收入来源是广告收入,约占总收入的 97%,主要广告形式为信息流广告以及网页右侧展示类广告,其中超过 80% 的广告收入来自移动端[2]。搭建起 Facebook 社交网络

---

① 《2016 年全美最受欢迎十大应用出炉 Facebook 和 Google 包揽前 8》,腾讯科技,http://tech.qq.com/a/20161231/002022.htm。

② 玩美股:《案例 | Facebook 的商业模式和战略分析》,搜狐财经,http://mt.sohu.com/20160918/n468656674.shtml。

帝国的还有桌面聊天软件 Facebook Messenger,以及 Facebook 先后收购的 Instagram 和 WhatsApp,根据在线数字营销咨询机构 SmartInsights. com 发布的 2016《全球社交媒体研究概要》,2016 全球最受欢迎的社交媒体中,Facebook、WhatsApp、Facebook Messenger 占据前三位[①]。而 Instagram 在 2016 年 12 月底已拥有 6 亿活跃用户。

在 2016 年 4 月 Facebook 举办的 F8 2016 开发者大会上,扎克伯格公布了 Facebook 未来十年的发展战略,希望透过各项服务连接全球社交,承担"架桥而不筑墙"的角色,为全球尤其是在数字鸿沟中处于劣势的人们提供免费上网的机会。作为全球最大的社交网络,其未来发展对网络空间时代的全球秩序有重大影响。Facebook 的十年发展路线分三步走,分别实现的是生态、产品和技术维度的目标:三年之内打造 Facebook 生态,五年之内深化在视频、搜索、群组、Messenger、WhatsApp 和 Instagram 的开发,十年时间实现全球联通。技术维度的发展分为三层,第一层面是虚拟现实/增强现实,大力发展移动端的虚拟现实、Oculus Rift、Touch、社交虚拟现实和增强现实技术;第二层面是人工智能;第三个层面就是 Facebook 通过无人机、卫星、激光、地面解决方案、基础设施建设和免费基本上网等各种手段,连通世界[②]。

扎克伯格表示,视频是下个阶段社交的主要内容。2016 年 Facebook 在直播和视频领域的动作亦备受关注。在直播和视频领域,Facebook 动作频频:推出移动视频直播;在旗舰客户端专门推出视频标签;通过广告分成方式挖走了竞争对手 YouTube 的一批视频红人;开放 Live API,提供给第三方应用程序的开发者加以整合在产品当中,让用户有更多直播互动的方式;花费 5 000 多万美元,和美国知名媒体包括《纽约时报》与明星名人签订协议,使其成为合作对象的独家视频直播平台[③]。2016 年底,Facebook 启动了投资原创视频的计划,向更多原创内容资源发力。

---

① 全媒派:《2016 全球最受欢迎社交媒体:Facebook 雄踞霸主地位,亚太市场微信、QQ 表现亮眼》,SocialBeta,http://socialbeta. com/t/100107。

② 方兴东:《Facebook"十年路线图"展现蓝图》,《21 世纪经济报道》2016 年 4 月 19 日。

③ 晨曦:《Facebook 宣布将投资原创视频 会拍影视剧么?》,腾讯科技,http://tech. qq. com/a/20161215/014854. htm。

（三）Airbnb——基于共享经济模式的房屋租赁和旅行社区

Airbnb（AirBed and Breakfast，空中食宿）是一个线上房屋租赁社区，于2008年8月成立于美国，于2015年8月宣布正式进入中国市场。Airbnb被视为共享经济模式的典型代表，该平台连接的是有空房可以出租的房东以及有短期租房需求的租客，后者主要包括度假旅行者或商务出行者。用户可以通过官方网站或者手机应用发布、搜索房屋租赁信息，并根据自己的需求完成在线预订。经过八年的积累，到2016年底，Airbnb房客总数超过6 000万，覆盖全球191个国家，34 000多个城市，拥有20多万套房源①。

共享经济模式的基础是平台所连接的群体之间的互信。为了减少风险，Airbnb设置多层审核机制，除了要求房东上传真实的房源图片，租客和房东实名认证外，还对双方进行评级和审查，以保证人身和财产安全。除了互信需求，Airbnb模式还提供了新的生活和消费模式：个性化、本地化住房体验以及社交需求的满足。租客可以与房东之间互动，建立社交关系，入住不同地方的民宿还可体验不同的当地文化，克服其他酒店标准化产品的弊端。正如Airbnb所提出的"家在四方"的理念，其希望在世界各地缔造一个个有归属感的家。而技术为该平台的供需匹配提供了更便捷的方法。Airbnb通过先进的搜索技术精确地匹配房屋供需之间的地点、出租类型、租赁特点、有效日期、价格等。用户在移动应用端能在当地定位各种房源，就近找到最适合自己的房子。在这种模式下，Airbnb本身并不拥有任何房屋，收入来源以佣金为主，其中向房东收取3％交易费，向租客收取6—12％的服务费。

但Airbnb并不满足于房屋租赁市场。在2016年11月，Airbnb突破原有的分享住宿领域，推出全新的Trips平台，该平台被定义为住宿体验、行程体验以及人文体验三者的融合，包括三个主要功能：体验、攻略和房源。其中，体验是指由在娱乐、艺术、音乐等领域任职的达人（City Host）和房东共同设计并担任领队的特色体验活动，包括娱乐、美食、艺术、户外运动、志愿服务等类别。攻略功能则专注于目的地信息和攻略领域，当中的聚会功

---

① 张蓝予：《转型旅游平台，Airbnb打情怀牌能否取胜？》，腾讯科技，http：//tech.qq.com/a/20161121/019695.htm。

能让用户可以在当地商户组织的活动上与其他用户和当地居民互动。此外,Airbnb 还和餐厅预订平台 Resy 达成合作关系,与 Detour 达成独家合作关系,提供语音导游服务。未来 Airbnb 还将增添"航班"和"服务"两项功能①。随着"Trips"的推出,Airbnb 将从线上 C2C 房屋租赁社区进化为全方位的旅行服务平台。从共享经济的角度来看,如果说之前 Airbnb 连接的是闲置房产的供需方,那么现在连接的是闲置的房产、设计创意、个性化体验方案等资源的供需方,个人的社会角色和力量因为互联网的连接而得到新的激活。

① 李超:《Airbnb 出大招,他们要做超级 OTA 吗?》,环球旅讯,http://www.traveldaily. cn/article/109246。

第八章

网络文化变迁

网络文化又称赛博文化(Cyber Culture),1984 年美国科幻作家威廉·吉布森在短篇小说《融化的铬合金》中首次创造出"赛博空间"这一术语。这个词的本意是指以网络化系统及相关的物理基础设施的综合运用为基础,以知识和信息为内容的新型生存空间,是人类创造的一种用于知识交流的虚拟空间和文化空间。互联网进入中国已逾 20 年,从网络文学、网络游戏、网络音乐,到当今的网络电影、网络直播等,现实文化"上网",网民共同参与生产"网生文化",网络文化构建起了网络空间的生存文明。而在网络空间中,网民需要具有怎样的网络素养才能保持网络空间的清朗繁荣,依然需要继续探索。

第一节　网络文化与数字生活

网络空间是人类的新型生存空间,网络文化本质上是一种全新的数字化生活方式。互联网用独特的信息传播方式将网络主体连同周围的生活进行了完整的延伸,"赛博空间"里的人们正以新的方式开展人类交往和社会活动。

一、作为"生活方式"的网络文化

从本质上来说,文化是人类的一种"生存样式"①,是为整个群体所共

---

① ［美］克鲁柯亨:《文化概念》,见庄锡昌等:《多维视野中的文化理论》,浙江人民出版社 1987 年版,第 117 页。

享,或是在一定时期中为群体的特定部分所共享的生活方式。网络文化是伴随网络技术的普及、人类高度参与网络传播而形成的一种全新的数字化生活方式。那么这种生活方式是如何形成的呢?网络文化是技术与社会相互作用的产物,是"随着网络引起的社会的深刻变化出现的"①。

（一）网络文化的形成基础

计算机网络技术和现代通信技术的发展是网络文化形成的基础。当今世界,信息技术成为全球化的重要推力。从 Web1.0 到 Web3.0,越来越多的技术壁垒消除。互联网的普及提供了一个有史以来最为强大的信息平台,它集聚并共享人类的智慧和资源。在此基础上,人类既有的种种文化内容及文化活动以数字化的形式登陆网络空间,也就是"文化上网"。借助计算机技术、网络技术和现代通信技术,既有文化在不断传播和交流中壮大繁荣。目前,互联网应用所能支持的语言种类已超过 300 种,网络的包容性让更多文化成果得以传承,大大促进了网络文化的多样化。

（二）网络文化的多样表现

交往是人类的基本存在方式,文化内在于人与人、人与世界的种种交往中。大量用户以网络为载体展开社会交往,一方面改变了传统的生活方式,另一方面开创了前所未有的网络化生活方式。人们习惯在网上消费影视、音乐、新闻、偶像、时装、美食,以及各种符号化的商品。截至 2017 年 12 月,我国网络文学用户规模达到 3.78 亿,较 2016 年底增加 4 455 万,占网民总体的 48.9%;网络视频用户规模达 5.79 亿,较 2016 年底增加 3 437 万,占网民总体的 75%;网络音乐用户规模达 5.48 亿,较 2016 年底增加 4 496 万,占网民总体的 71%;网络游戏用户规模达到 4.42 亿,占整体网民的 57.2%,较 2016 年增长 2 457 万人。手机网络游戏用户规模较去年底明显提升,达到 4.07 亿,较 2016 年底增长 5 543 万人,占手机网民的 54.1%②。

在网络社会里,人们共同创造了这些具有互联网特质的消费方式。在

---

① 张品良:《网络文化传播:一种后现代的状况》,江西人民出版社 2007 年版,第 43 页。

② CNNIC:《第 41 次中国互联网络发展状况统计报告》,中国互联网络信息中心,http://www.cnnic.net.cn/hlwfzyj/hlwxzbg/hlwtjbg/201801/P020180131509544165973.pdf。

人们生活细节的点滴改变中,我们看到网络渗入生活的力度不断增强。

(三) 网络文化的形成标志

网络普及之初,是人们将既有的生活方式平移到网络上,但伴随着网络的成熟与发展,人们在持续有效的规模互动中建构网络的规则和逻辑,形成与网络相适应的人格,一种网络文化的生活样式就形成了。

作为网络原住民的青年是网络文化的主力军。他们接收海量信息,乐于研究新事物,积极拥抱网络文化。根据美国皮尤研究中心 2017 年 8 月的统计表明,Snapchat 拥有迄今为止最年轻的新闻用户群体,82％的用户年龄在 18—29 岁之间[①]。RBC Capital Markets 2017 年 12 月的调查数据表明,Instagram 和 Snapchat 的用户中,13—25 岁的人数占比最大[②]。而我国网民中,青年是数量最大的群体,2017 年 20—29 岁年龄段的网民占比高达 30％。2017 年中国移动社交用户中,25—30 岁的人群占比最高,有 28.8％。

这批年轻、对技术使用熟练的群体在网络空间的生活范围日益扩大,他们以鲜明的文化特征显示自己的思维、兴趣、能力、情感,形成一个个社交部落,这些社交部落能够满足现实生活的种种需求,由此,"一种大规模的参与式文化体系"诞生了[③]。

这种大规模的参与式文化体系建立在用户大规模生产、协作和共享上。亨利·詹金斯指出,参与式文化主要发生在"消费者个人的大脑及与其他消费者的社会互动之中"[④]。比如,篮球运动员姚明的一次采访视频,被 Reddit 网站一名用户作为素材制作了一组原创漫画脸,经社交平台转发后突然爆发式地扩散开来,引发众多网友跟风改造,并在"生产—分享—再生产"的交互中引发了一场"暴走漫画表情包"的网络热潮和集体围观。这种网络文化是在社会化网络的自组织机制下,在持续而有效的互动中集结而

---

① 公众号话媒糖:《皮尤发布 2017 年社交媒体使用报告 绝大部分美国人只用社交媒体看新闻》,2017 年 9 月 12 日,http://www.sohu.com/a/191538275_770332。

② RBC Capital Markets Equity Research, "Internet Social Butterflies: Highlights from Our Third Social Media Survey," http://www.199it.com/archives/687273.html.

③ 蔡骐:《社会化网络时代的媒介文化变迁》,《新闻记者》2015 年第 3 期。

④ Jenkins, Henry, *Convergence Culture: Where Old and New Media Collide*, NYU Press, 2006, p.3.

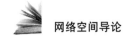

成的网络原生文化,是人们为适应网络生存需要而形成的新的生活方式。

二、网络文化的发展脉络

网络文化经历了精英阶段、大众阶段,目前正在朝着小众化的范式转变,这也体现出网络与全球化潮流文化的趋势统一,与网络时代公民行为模式、思维方式、价值取向的不断融合。

(一)精英阶段

网络文化最初是一种精英文化。最早网络技术是由科学技术精英推动的,这决定了网络文化的主体是具备相当程度科学技术素养的人群。

1969 年,美国国防部高级研究计划署启动了一个名为阿帕网的联网项目,这成为互联网的雏形。最初的阿帕网由美国西海岸的四个节点构成,它们分别是加利福尼亚大学洛杉矶分校、斯坦福研究院、加州大学圣巴巴拉分校和犹他大学。其中,麻省理工学院的 L. 克莱因罗克教授在加州大学洛杉矶分校主持网络研究,道格拉斯·恩格巴特等一批网络技术精英在斯坦福研究院任教,加州大学圣巴巴拉分校和犹他大学这两所大学也都有电脑绘图研究方面的专家,其中,开发计算机"画板"系统的科学家伊凡·苏泽兰教授在犹他大学任教。这批科学家组成的团队对阿帕网的建立做出了杰出贡献。到 1972 年,麻省理工学院的林肯实验室、卡内基梅隆大学、美国国家航空航天局、兰德公司、伊利诺利州大学等众多大学科研机构纷纷加入进来。1971 年雷·汤姆林森引入电子邮件功能。1974 年温顿·瑟夫与鲍勃·卡恩开发的 Internet 协议与传输控制协议后演变为互联网基础协议 TCP/IP,解决了网络通用互联的问题。

从阿帕网到互联网,这一过程是在科学家和专家学者的活跃创造下发展起来的,而精英意识和精英文化也渗入其中,集中表现为"知识高深、远离大众、范围狭小、参与者少"[①]的特点。早期网络消费品成本费用高,技术门槛高,对于社会大众来说十分奢侈,却成为社会精英和富裕人群的重要生活方式。社会精英作为互联网创建的先驱,首先具备了使用、操控互联网的科

---

① 莫茜:《大众文化与网络文化》,北京邮电大学出版社 2009 年版,第 131 页。

技和文化素养,这使得互联网交流成为精英式的交流。

（二）大众阶段

虽然早期的网络文化是少部分传统精英群体的文化,但互联网技术的发展决定了其必然走向开放。互联网的价值在于连接,而只有广泛接纳用户才能实现这一价值。网络文化从精英阶段走向大众化,朝着一个更多元化的用户群打开,这是互联网发展的必然选择。

互联网面向大众普及,意味着网络文化从精英向大众的范式转折。大众文化是一种以大众媒介大规模生产传播的通俗文化、市民文化,是现代工业社会下市场经济和大众消费的产物,并通过大众媒介大规模生产,广泛传播。大众文化是彰显底层意识、为普通民众所享用的平民文化,一方面,通俗化、商品化、娱乐化、关注情感体验的大众文化极大满足了大众的精神文化需求,具有民主参与、自由解放等积极意义;另一方面,大众文化也改变着人们的价值取向,呈现低俗化、媚俗化、工具理性主义以及愈加明显的消费主义倾向。

如今,互联网不仅是网络之间的联结,更是网络用户之间的联结。网络技术的发展将网络从精英推向大众,新时期网络形式的大众文化呈现出区别于以往的鲜明特征,包括极强的符号生成速度、极高的用户参与性(体验性)和更强的开放性。网络文化的大众化主要有两方面内涵。

首先,网络文化来源于大众,是大众广泛参与的文化。近年来,在网络空间产生了一种全新的、前所未有的信息文化,这是一种以用户本身使用互联网的方式去创造和体现的新型文化形态,即网络原生文化。以电视剧《欢乐颂》为例,剧组给剧中的部分角色开设微博、微信,并随电视剧情节更新微博,甚至将观众的回复纳入电视剧情节,现实中的观众成了电视剧里的"群众演员"。另外,网络文化的大众化创造了"交互式电影游戏"与"交互式小说"等新型网络文化形态,这类游戏和小说可以让观众或读者自由选择故事情节的发展,最终影响结局。

其次,网络文化服务于大众,挑战了精英文化、官方主流文化的地位。网络文化形式和内容的大众化激发了网络用户的创造力,极大满足了大众的精神文化需求,使文化发展不再是一种单向、封闭式的发展,从而走向多元开放。但另一方面,大众文化也改变着人们的价值取向——愈加明显的消费主义倾向带来文化价值取向上的紊乱。随着新的权威和影响中心出现,人们不再因传统价值观凝聚在一起,而是追求个人欢愉和需要。文化出现差异分化,大众文化内容质量不断降低,人们的文化取向也逐渐脱离传统主流文化的影响,网络恶搞、网络炒作、人肉搜索、语言暴力等现象频发,这些都值得人们关注和深思。

(三) 小众阶段

互联网去中心化的特征在形塑大众文化的同时也在消解大众文化,这个消解过程中出现了小众文化的浮现和兴起,网络亚文化、文化区分、专业文化等纷纷出现。

1. 网络亚文化的兴起

随着网络文化不断大众化,网络亚文化开始崭露头角。以往社会边缘群体纷纷抱团取暖,在网络空间建立阵营,壮大各自的力量。他们散播自己的生活方式和价值观念,影响着社会主流文化。

亚文化的概念可追溯至 1944 年在纽约出版的《社会学词典》中"culture-sub-area"一词,特指在一个更为广泛的大文化区域(主流文化和父辈文化)的一个亚区域(次群体)。英国伯明翰学派指出亚文化本质上是一种"抵抗"的文化,具有异端、偏离的倾向。亚文化是相对于主流文化而言的,由某一群体所共享的价值和行为方式。它既是对主流文化的批判,有时又依赖于主流文化,是对主流文化的补充。

互联网新媒介提供了亚文化所需的互动框架。在 Web3.0 平台,"一对多"的传统大众传播被分化为以个性化为指向的小众传播,而且还衍生出以共同属性为依托的"多对多"群体互播[1],那些具有共同属性和认同感的网络用户凭借各种网络应用如社交网站、论坛等找到彼此,建立亚社会。如约翰·佩里·巴洛所言,"互联网及随网络而生之种种现象制造出互通经验的环境"[2],以共同的取向、共同的状态、共同的爱好作为结合点与小圈子的基本依据,体现出社会组合从封闭性向开放性转化[3]。

---

① 蔡骐:《社会化网络时代的媒介文化变迁》,《新闻记者》2015 年第 3 期。
② 段伟文:《网络空间的伦理反思》,江苏人民出版社 2002 年版,第 48 页。
③ 李良荣主编:《网络与新媒体概论》,高等教育出版社 2014 年版,第 80 页。

以百度贴吧为例,贴吧拥有超过 10 亿注册用户,主题贴吧总数已达
2 000 万个,总话题 800 亿,月活跃用户突破 3 亿,日均话题总量 1 亿。其内
容话题涉及社会生活的方方面面,包括明星、动漫、文学、游戏、综艺、影视、
人文自然等,并以平均每日新建 1.7 万个贴吧的速度持续增长。正是在一
个个主体贴吧用户的互动交流中,产生了诸如腐女文化、耽美文化、二次元
萌文化、恶搞文化等丰富的亚文化内容。值得注意的是,虽然一个特定的亚
文化是在共享该文化知识的群体互动中产生的,这并不意味着群体中的人
对该特定亚文化的忠诚度会更高,单个网络用户可以同时处于多个亚文化
群体,这也体现了亚文化群体身份多元、混杂的特征。

以粉丝亚文化为例,仅百度贴吧就拥有超过 8 万的明星主题贴吧,某一
明星或团体的粉丝因志同道合聚集成一个粉丝团体,他们主动地、有组织、
有计划地为偶像举办活动,扩大影响力,壮大团队力量。粉丝亚文化群体的
形成源于一种浪漫情感的投入和身份认同。这种身份认同既是对偶像,也
是对自身粉丝身份的认同。

再者如游戏亚文化,2015 年百度贴吧公布的网民兴趣社交行为数据中
显示,魔兽世界吧、LOL 吧、英雄联盟吧、地下城与勇士吧分别以第 3、第 5、
第 6、第 10 的排名入选百度贴吧兴趣吧粉丝关注 TOP10 总排行榜,并占前
10 粉丝总量的 32.5%。网络游戏发展至今已成为网民一种重要的生活方
式。从游戏角色的种族(如人、魔、妖、仙)、游戏术语到游戏操作、游戏行为,
集中体现了个性、自由、娱乐的亚文化特征。以游戏术语为例,在网络游戏
中,为节省玩家之间的交流时间,增强操作的迅捷性,传统的口语和书面语
规范被打破,一套更为便捷实用、没有固定格式规范的游戏语言被创造出
来。如"＋＋＋"表示申请加入或邀请其他玩家加入队伍,"666"谐音"溜",
表示对玩家的称赞或是对玩家操作失误的反讽。

游戏语言成为虚拟交往的亚文化符号表征,网络游戏用户通过对这套
语言体系的熟悉、认同、加工和使用,无形中强化了游戏用户群体的互动交
际,而这种特定的亚文化符号也成为青年亚文化群体区别于主流文化群体
的标志之一。

2. 文化区分与专业文化

由个人用户生产的较小规模、较低成本的网络媒体内容让个体通过特

定关系联系在一起,因此而组成的小组内部有其用来沟通的"专业知识"①。约翰·梅里尔和拉尔夫·洛温斯坦认为,随着教育的进一步发展,社会分工越来越细密,余暇时间增多,人类将会迈入专业文化时期。到那时,不同的人群将根据各自不同的兴趣和需要来进行文化选择和文化身份归属,形成文化区分。届时,受众将根据不同的"微内容"被分成越来越小的单元,在此过程中,个人的价值能够得到最大化实现。

例如,国内知乎、果壳、分答等网站都为用户开设了以问答方式分享专业知识的功能。以知乎为例,问题页面下的答案按赞同票数排序,赞同票数相同的情况下按 PR 值排序,同时隐藏被认为无效的答案,保证提供信息的专业性和有效性。另外,知乎用户可以通过自定义兴趣页,关注自己感兴趣的知识。由于文化选择空前增加,大众逐渐因意识形态、价值观、兴趣与生活习惯的不同而产生分化。日本学者分析了日本媒体的演进历程后也指出,"由于新传播科技聚焦于多样化的专业信息,大众社会逐渐演变为'片段化社会'"②。

文化区分虽然让小众的、专业的群体浮出水面,彰显个人价值,但也无形中强化了个人主义的生活方式,削弱对主流文化的认同。美国哈佛大学法学院教授凯斯·R.桑斯坦提出的"信息蚕茧"描述了现代信息社会下文化区分的弊端。桑斯坦在其所著的《信息乌托邦——众人如何产生知识》一书中指出,在当今网络环境中,人们可以听凭自身兴趣,自由地分享与获取大量的信息。久而久之,定式化、程序化的选择会使人们不知不觉地作茧自缚,被困于蚕茧一样的信息茧房之中。个人主义生活方式造成信息茧房大量增长,人们在海量的信息中筛选出服务私人领域的文化内容,这无形中也增加了观念隔阂区,造成文化认同的混杂共生。

三、网络文化的主要特征

截至 2017 年 12 月,中国网民网络音乐、游戏、视频、文学的使用率分别

---

① 李良荣主编:《网络与新媒体概论》,高等教育出版社 2014 年版,第 213 页。
② 彭兰:《网络传播与社会人群的分化》,《上海师范大学学报(哲学社会科学版)》2011 年第 2 期。

为 71％、57、2％、75％、48.9％,包括游戏直播、真人秀直播的网络直播用户规模达到 4.22 亿,占网民总体的 57.5％。网络娱乐应用中网络直播用户规模年增长率最高,达到 22.6％,其中游戏直播用户规模增速达 53.1％,真人秀直播用户规模增速达 51.9％。与此同时,网络文化娱乐内容进一步规范,以网络游戏和网络视频为代表的网络娱乐行业营收进一步提升。

由此可见,随着互联网的普及,网络文化在中国公民,尤其是青少年日常生活中扮演着越来越重要的角色,而随之产生的如吐槽文化、粉丝文化、二次元文化等网络文化类型令人们的生活大放异彩。以下是网络文化体现出的五种突出特质。

（一）交互性

网络文化的交互性体现了互联网最为重要的精神:联结。在这种参与式网络文化中,催生了更为广泛的决策参与,新的公民与社区模式以及信息的互惠交换,使其成为一个承载人类多元思维与情感的巨大熔炉,并迸发出群体智慧。

弹幕文化就是一个典型的例子。2006 年,日本 NIWANGO 公司成立线上影片分享网站 NICONICO,用户可在页面上留言,而留言会以弹幕的形式悬浮在影片里。关于“弹幕”一词的由来有多种说法,其中最普遍的说法是:弹幕最早为军事用语,指一种炮兵战术,在日本兴起的弹幕射击游戏最先把该词语带入游戏玩家视野,又因为 NICONICO 播放器的评论功能与横版弹幕射击游戏类似,之后这种评论功能在中国地区得名为弹幕。随着技术的引入,国内如今也有以 AcFun、bilibili 为代表的综合类弹幕平台。除了在画面上展现角色形象,实现超链接等功能,弹幕最大的特征在于实时互动,用户自由利用弹幕进行剧情讨论、吐槽、科普等,形成一种“虚拟的部落式”观影氛围。本质上,弹幕是用户再创作。对于一部电影来说,原作品和弹幕一起构成了一部全新的电影,甚至一部视频完全可以由弹幕来组成。由此可见,弹幕文化就是一种用户共同参与生产的网络文化。

（二）仿真性

网络文化是虚拟现实的文化,网络空间是由各种符号构成的仿真空间。随着网络媒介技术的发展,虚拟环境的比重越来越大,延展了人类的文化空间,创造了全新的数字生活方式。

比如,在虚拟现实技术下,我们能够进入一个模拟人类听觉、触觉、味觉、嗅觉等多重感知功能的虚拟世界,获得身临其境的体验。2015 年,HTC 与台北故宫博物院合作,模拟出真实的博物院场景,用户使用头戴式 VR 设备就可以在虚拟展厅自由欣赏。一位用户写道:"手中的虚拟控制器变成了一束激光,当我点向左手边的一副字帖,原本摆在展柜里的字帖虚空飞起来,系统用语音提示我,这是一副宋徽宗瘦金体的真迹。当我回过头,展厅中央摆放的是清代文物翠玉白菜。洁白的菜身、翠绿的叶子,以及停在菜叶上的小蚂蚱都清晰地浮在我的眼前。"

（三）行动性

尽管网络文化由各种虚拟符号构成,却可以产生"真实的网络行为效能"[1],激发新的文化行动。2016 年 1 月 20 日,时值台湾领导人大选期间,百度李毅吧的众多用户借助"翻墙"软件"集体出征"社交平台 Facebook。参与者在民进党主席、新任台湾地区领导人蔡英文的 Facebook 主页大量留言,包括各式图片、表情包及"反台独"观点;《苹果日报》、"三立新闻网"等媒体的 Facebook 主页也被"攻陷"。两岸网民甚至发起了"表情包大战",舆论一时风起云涌。在这里,网络文化的仿真性使"帝吧出征"这一虚拟的方式具有了行使权利的现实意义。

此外,不论是网络即时通讯、观看网络新闻、网络视频还是进行网络游戏、网络购物,人的物质需求和精神需求都可能通过虚拟的符号实现,网络文化正不断"吞咽"现实文化,人们也逐渐从现实世界移居网络世界,不断延长待在网络世界的时间。据 CNNIC 第 41 次中国互联网络发展状况统计报告显示,2017 年中国网民的人均周上网时长为 27 小时,比 2016 年提高0.6 小时,而 2012 年为 19.9 小时。

（四）消费性

网络文化作为一种消费主导型文化,人们所消费的并不一定是客观存在的产品或商品,而是一种"符号物"[2]。这种"符号物"构成了一个主动的

---

① 曾静平、项仲平、詹成大、方明东:《网络文化概论》,陕西师范大学出版社2013 年版,第 20 页。

② ［法］鲍德里亚:《消费社会》,刘成富、全志钢译,南京大学出版社 2000 年版,第98 页。

结构,支配和生产我们的欲望、需要,推动着我们的消费。例如,"网红""美女主播"的典型形象是芭比娃娃式的电眼、尖下巴、双眼皮,这种审美符号迅速渗入经济、文化以及日常生活中,美妆、健身、服装、奢侈品、医美等行业围绕这个符号形象展开广告策划和营销术,在社交网络上形成精准推送的信息流广告。

从表面上看,人们购买服饰、首饰与化妆品等商品是消费物质产品,本质上是对"美色"这个符号的消费,而网络媒介更是成就了网红经济和美色消费。2016 年 5 月 30 日,新浪微博、秒拍、映客等社交平台打造了"5·30网红节"这个全新的互联网节日。网红们通过图片、视频、直播、互动评论等方式,将商品和内容进行高度融合,铺开巨大的消费场景。来自50 家机构的 740 名网红、潮流达人们发布了 2 298 条视频作品,视频播放总量达到 5.44 亿,单条人均播放量达 23.67 万[①]。在新浪微博上,相关话题的点击阅读量超过 20 亿次。网红人气店共售出商品 125 万件,销售额 1.5 亿元。人们依照网络媒介展现的画面去消费,在感官娱乐和个性体验中获得满足。

（五）快速更新

与原有文化在长期积累中所具有的相对稳固的特性相比,网络文化的生产传播过程迅速,留存时间短。美国作家约翰·德夏沃克将网络文化形容为一种比传统形式的文化更"薄脆"的文化。以网络热词为例,每天都有大量网络新词产生,据不完全统计,互联网上的文字已经远远超出了人类全部历史上所曾产生的文字的总和。这些新词的更新频率迅速,往往一夜爆红,迅速异化,又偃旗息鼓。2016 年 8 月 8 日,里约奥运女子 100 米仰泳半决赛,中国选手傅园慧接受采访时说:"我已经用了洪荒之力了!"这句话迅速蹿红网络,引发了网民的疯狂创作,各种傅园慧表情包不断刷屏各大网络媒体和社交平台。据新浪微博"微指数"统计数据显示,"洪荒之力"的提及次数在 8 月 9 日达到高峰(836 694 次)。

不过,在"洪荒之力"被提及次数达到巅峰后的第二天,这一热词就迅速降温。8 月 10 日,"洪荒之力"的提及次数便下降至 690 509 次,8 月 15 日,

---

① 《530 网红节,不知道你就 OUT 了》,界面新闻,http://www.jiemian.com/article/675791.html.

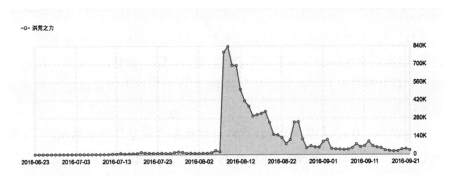

图 8-1　热词"洪荒之力"变化趋势图（2016 年 6 月 23 日—9 月 21 日）

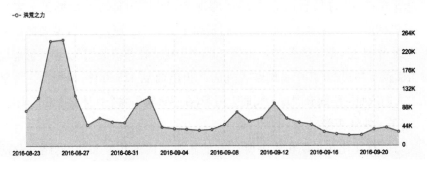

图 8-2　热词"洪荒之力"变化趋势图（2016 年 8 月 23 日—9 月 20 日）

降至 296 329 次。如今再打开微博及各大网络论坛，已难觅"洪荒之力"的身影。以往"元芳体""我爸是李刚""药不能停""套路"等网络流行语都经历类似的发展及消亡过程，"其兴也勃焉，其亡也忽焉"。可以说，迅捷多样的网络传播方式也带来短暂易逝的网络文化。

除了上述特征以外，网络文化还有开放性、平民化、创新性等特征。网络文化凭借众多鲜明特质，带来大众生活方式的变革，网络文化自身也在其中不断发展壮大。

第二节　网络素养与媒介教育

网络文化重新构造了人类环境，本质上是一种全新的数字化生活方式。

网络用户无论是把已有文化搬到网络上来,还是共同参与生产新的"网生文化",都涉及网络使用者的素养问题,这就是"网络素养"。

网络空间具有去中心化的特点,这使网络主体的素养日益受到重视。目前,网络空间治理很迫切,网络素养的话题越来越受到关注。2017年9月国家网络安全宣传周期间,在上海举行的"提升网民网络素养　共建清朗网络空间"的分论坛共同探讨的是如何提升网民素养的问题。中国网络空间安全协会一项社会调查的阶段性成果显示,网民整体网络安全认知的打分是5.97分,不到6分,反映出网民的安全素养仍有提高空间①。安全素养是网络素养的内容之一。

一、网络素养的涵义

与互联网相关的"媒介素养"简称为"网络素养",也称"网络媒介素养""数字素养"等,是"媒介素养"概念的延伸和发展。1994年,美国学者麦克库劳提出了"网络素养"的概念,认为"网络素养"包括知识和技能两个方面。

"literacy"一词派生于"literate",最初是指印刷媒介的读写等能力。随着代表知识的公共领域的发展,一些教授阅读、文学、语言艺术的教师们拓展了素养的范围:素养不仅仅是读写能力,并且是理解、阐释、分析、回应和作用于不断涌现的各种复杂信息来源的能力②。从印刷媒介到电子媒介的过渡中,人们逐渐产生了焦虑:电子媒介带来的冲击与改变很大。应对焦虑,世界范围内的媒介素养教育运动兴起。媒介素养作为信息社会公民的基本素养,被视为一个"赋权"的过程,即教育和引导受众以自己本该拥有的传播权力重新调整和平衡与媒介传播机构之间的权力关系,尽到参与社会的公民责任。它关注两个方面:受众如何处理所接触的媒介信息(特别指向是否具有质疑和批判意识)和在多大程度上介入媒介内容的生产和创造

---

① 沈竹士:《引入创新手段,净化网络空间》,《文汇报》2017年9月24日第三版。

② Roger Sensenbaugh, "Multiplicities of Literacies in the 1990s," *ERIC Digest*, 1990, pp. 1-6.

过程①。

在网络空间,网民既是信息接受者、消费者,也是网络活动的积极参与者,内容的生产者、传播者。网络中的个体与个体相连,能发挥的效能远胜以往。网络改变了社会与生活,网民前所未有的参与度使网络素养成为重要课题,用美国学者霍华德·莱茵戈德的话说,"当我们日复一日地置身于信息爆炸、节奏飞快的现代文明之中,感到一切都行将失控时,数字素养就是我们摆脱无助感的强大武器"②。对网络世界的了解与把握是必不可少的能力。网络不仅是内容的承载体,也掌握了传输和检索海量信息的能力,更是把人与物集聚起来的机制。网上谁都可能是"把关人",网络呈现去中心化的态势,因此,"网络素养"的概念需要从网民作为建设者或生产者这样一个角度加以扩展。网络的社交功能是对传统媒介的突破与创新,故而需要在"参与式"网络文化的框架下把握网络素养这个概念。

"网络素养"的新,不仅指接触、理解、参与、使用、批判和创造的对象是全新的网络,而且指针对这些新技术的掌控和运用的能力,对内容的生产与使用消费能力,对海量信息的理解与批判能力,在网络空间的传播与应对能力,对人与人、人与社会的交往与参与能力等,是在人与网络的关系中体现出来的素养。在网络所建构的参与式文化中,网民的注意力、批判、生产信息素养,参与、交往的素养等,是网络素养最重要的内容。

二、网络素养的类型

网民素养不仅表现为一种媒介素养,还会表现为一种社会素养,或者说公民素养③。网络的广泛连接性不仅要求网民掌握特定的技能,还要有在社会环境中与他人通力合作的能力。莱茵戈德在《虚拟社区》中认为,"有五种关键素养具备改变世界的能量,它们是专注、参与、协作、对信息的批判性

---

① 洪兵:《美国媒介素养教育:理论、动力、实践形态》,参见陆晔等:《媒介素养:理论、认知、参与》,经济科学出版社 2010 年版,第 51 页。

② [美]霍华德·莱茵戈德:《网络素养:数字公民、集体智慧和联网的力量》,张子凌、老卡译,电子工业出版社 2013 年版,第 4 页。

③ 彭兰:《网络社会的网民素养》,《国际新闻界》2008 年第 12 期。

吸收以及联网技巧"①。综合来说,网络素养包括网络基本应用素养、网络信息生产与消费素养、网络交往与协作素养、网络社会参与素养和网络注意力素养。

（一）网络基本应用素养

网络基本应用素养是指网民对网络与新媒体的使用能力。一方面网民需要掌握一定的网络技术,另一方面要防止误用或滥用新媒体等不良现象,如网络犯罪与网络沉迷等。在新媒体无孔不入的时代,注意力成为稀缺资源,如何管理好注意力也成为应用素养的新课题。

中国网民使用新媒体的技术如何? 他们利用新媒体作何使用? 中国互联网信息中心发布的第 41 次《中国互联网络发展状况统计报告》显示,即时通信、搜索引擎、网络新闻和社交作为基础应用,网民使用率在 82% 以上。截至 2017 年 12 月,即时通信用户规模达到 7.2 亿,在网民中的使用率为93.3%。手机即时通信用户 6.94 亿,在手机网民中的使用率为 92.2%。2017 年即时通信产品,如微信、QQ、陌陌等的自身定位差异化日益明显,在办公场景下的应用能力不断增强。以微信为代表的即时通信产品对生活服务的连接能力仍在持续拓展。

2017 年的搜索引擎继续保持稳步移动化趋势,市场营收方面搜索引擎企业移动营收在总营收所占比例继续提高。搜索引擎用户规模达 6.4 亿,使用率为 82.8%。其中手机搜索用户数达 6.24 亿,使用率是 82.9%。人工智能继续为搜索市场注入增长动力,它一方面通过改进推荐算法,提供具有更高价值的连接服务,另一方面人工智能技术的产品化为多硬件、多平台、多输入方式搜索提供了更完善的解决方案,语音输入、图像识别为用户提供更加方便的搜索体验等。

2017 年网络新闻用户规模为 6.47 亿,网民使用比例为 83.3%。其中手机网络新闻用户规模达到 6.2 亿,占手机网民的 82.3%。在互联网新闻资讯领域,相关法律法规建设进一步健全,媒体融合进入全新的发展阶段,平台竞争从流量向内容、形式、技术等多维度转移。

---

① ［美］霍华德•莱茵戈德:《网络素养:数字公民、集体智慧和联网的力量》,张子凌、老卡译,电子工业出版社 2013 年版,第 4 页。

社交应用方面,社交平台的传播影响力显著提升,社交网络正发展为"连接一切"的生态平台。社交应用功能日益丰富,从即时沟通到新闻推送、视频直播、支付交易、游戏、公共服务。社交媒体传播影响力显著提升,成为网上内容传播的重要力量。微信朋友圈、QQ空间用户使用率分别为87.3%和64.4%。微博继续在短视频和移动直播上深入布局,推动用户使用率持续增长,达到40.9%。知乎、豆瓣、天涯社区、领英使用率均有所提升。传统媒体也开始拥抱社交媒体,自媒体影响力逐渐扩大。

(二)网络信息生产与消费素养

网民的信息生产与消费素养是构成网络素养的重要方面,包括在网络中获取有效信息的能力、对网络信息的辨识与分析能力、对网络信息的批判性解读能力。2007年在对北京、广州、上海、西安四地居民媒介信息处理能力进行的调查显示,中国公众的媒介信息处理能力总体上处于中等偏弱水平[1](见表8-1)。2015年凯迪数据研究中心发布的《中国网民网络媒介素养调查报告》显示,网民对于网络信息批判性理解的能力偏低(3.42分,满分为5),处于中等水平。

表 8-1 公众的媒介信息处理能力

	很符合（%）	比较符合（%）	一般（%）	不大符合（%）	不符合（%）	平均值（5 最高）
深度解读	8.5	17.1	23.7	17.1	33.5	2.50
批判质疑	12.5	19.7	24.2	21.2	22.6	2.78
独立思考	15.6	27.4	27.8	14.3	14.8	3.15
核实报道	9.3	17.5	19.2	18.7	35.2	2.47

2016年2月,一则"上海女逃离江西农村"的新闻成为网络热议事件。"逃饭女事件"挑起了城乡差异、地域歧视、婚嫁观念、贫富差距等热门话题,很快火爆网络。自媒体大V们也开始转发并评论,逐渐产生了一批"10万+"的文章。各大媒体纷纷跟进,如《人民日报》发表评论文章《农村,说声

① 周葆华、陆晔:《受众的媒介信息处理能力——中国公众媒介素养状况调查报告之一》,《新闻记者》2008年第4期。

爱你太沉重》,光明网发表评论《私域的爱情,公域的乡愁》。时值春节长假期间,评论文章在微博、微信朋友圈中大量转发,成为最火爆的议题。但在这过程中,也有网友指出说,帖子中的饭菜图片在 2014 年就已经有了,不是刚拍的。2 月 12 日,澎湃和界面开始对此事做了一次专业性的调查和报道,最后确认这是一则假新闻。这起轰动一时的网络事件是由对信息的真伪不加甄别就直接转发议论引起的。

公众在网络上获取有效信息的能力、对网络信息的辨识与分析能力、对网络信息的批判性解读能力直接影响网民在网络上的态度和行为,缺乏这些能力的公众如果受到误导将产生对现实的错误认知[①]。网络的信息来自各种机构、组织和个人,多元的媒介环境使网民对内容的鉴别力尤显重要,接触信息需有主动意识,面对信息需要独立思考,判断信息需谨慎仔细,以冷静理性的态度看待网络传播[②]。

(三) 网络交往与协作素养

互联网提供了人际交往的新空间,拓展了人际交往的深度与广度。人与人的网上交往能否在现实生活中延续、实践,并创造出新颖的关系与个体自我,取决于网民的交往素养。网络交往素养的一个基本方面,是对个别交往对象的判断、选择与关系的维持,即交往关系单一链条的构建。而更高的层面,则表现为有效的人际交往网络的构建与维护能力,即利用互联网来有效扩张自己交往网络的能力。网络交往素养的最高层面,是对自己社会归属的选择及其获得归属的能力[③]。美国学者创造了"humannode"一词,意指人(human)和网络节点(node)的组合,网络交往形成了人与人交往的新模式。

网民的协作素养很重要,这包括了与协同工作的其他人达成一致目标的能力、为自己在协同系统中定位的能力、执行协同任务的能力与有效沟通的能力等。克莱·舍基在《人人时代——无组织的组织力量》中提到"无组织的组织",众筹、共享使基于网络"自组织"的社会协作在社会中扮演着重要的角色。网络技术开启了全新的社会协作模式,未来的互联网将使社会

---

① 贺林平:《批判性理解能力不够 拉低网民"合格"分数》,《人民日报》2016 年 1 月 28 日。

② 彭兰:《网络社会的网民素养》,《国际新闻界》2008 年第 12 期。

③ 同上。

协作在更大范围内展开,这也使社会协作的思想和素养成为未来网民必须具备的素养①。

但需要警惕的是,网民可以协力做成单个人无法完成的事业,有好的突破创新,但也可能激发群体的非理智,形成群体极化。法国心理学家古斯塔夫·勒庞在他的《乌合之众——大众心理研究》中,对群体心理做出了系统研究。他指出:群体是冲动、易变和急躁的,群体易受暗示、轻信;群体情绪夸张、单纯;群体偏执、专横、保守;群体既可能有极低的道德水平,也可以表现出个体根本达不到的崇高②。在网络中,不乏偏激言行、语言暴力、集体暴民等现象,这与群体影响有关。

(四) 网络社会参与素养

互联网一直被认为将对社会民主的进程起到重要作用。但要达到这一目标,其基本保障之一是公民的自由平等和理性参与③。网民社会参与能力主要体现在网民理性参与公共事务的能力,网络参与素养包括一系列的技能(说服、策展、讨论,以及最为重要的自我呈现),也包含多种参与方式,比如给照片贴标签、收藏网站、编辑维基百科页面或者撰写博客等④。

2016年微博重回舆论高地,成为最重要的舆论场,同时微信、知乎、果壳等网络社群和知识问答平台崛起,形成多平台协同影响网络舆论走势的新业态;中产阶级逐渐成为舆论的主流,年轻的"90后""00后"作为互联网时代的"主力军"开始发声发力,建构中国互联网环境新生态;在一些事件中,18岁及以下的低龄群体发声比重超过37岁及以上群体,以"00后"为主的未成年人群已经成为80后、90后以外的第三大发声群体,这第一批"互联网原住民"常使用QQ作为网络社交和意见表达平台,频频发声参与讨论⑤。

---

① 彭兰:《网络社会的网民素养》,《国际新闻界》2008年第12期。

② [法] 古斯塔夫·勒庞:《乌合之众》,冯克利译,中央编译出版社2005年版,第21—41页。

③ 彭兰:《网络社会的网民素养》,《国际新闻界》2008年第12期。

④ [美] 霍华德·莱茵戈德:《网络素养:数字公民、集体智慧和联网的力量》,张子凌、老卡译,电子工业出版社2013年版,第4页。

⑤ 中国社会科学院舆情调查实验室:《图解2016年网络舆情生态研究报告》,中国社会科学网,http://www.cssn.cn/xwcbx/xwcbx_pdsf/201612/t20161201_3298506.shtml。

新媒体强化了普通大众的民主参与意识，拓宽了他们的参与渠道，激发了他们的参与热情。在中国，网络成为民众公共事务讨论的平台大概始于2002年。对2003年上半年发生的孙志刚事件，网民给予了大力声援和支持，并最终促进了相关法律的废除，推动了社会的进步。其后如2007年先后发生的重庆最牛钉子户、山西黑砖窑案、厦门PX项目、华南虎照片风波、周久耕事件、邓玉娇案、公务员"出国考察门"、"表哥"、"房姐"、2016年的"雷洋案"、2017年山东于欢"辱母杀人案"等一系列事件中，网民聚合而成一股强大的力量，影响了一些重大公共事件的走向。这些事件都显示了新媒体使用者在舆论监督方面的强大力量。

"我有问题问总理"是2010年"两会"人民日报官方微博推出的第一波话题征集，自2月21日上线以来得到了网民的积极响应，提问超过3 000条。2014年人民网两会特别专题"我托书记省长捎句话"（即地方领导留言板），使普通网民可以通过发表微博对国家公共事务进行了解与讨论。当然对网民来说，网络参政有相当长的路要走。

在参与公共事务时，网民尊重他人发言权利、包容多元价值观是良好素养的表现。但同时也要提防非理性的网络暴民、网络暴政等现象。2006年网络上发布了一名女子脚蹬高跟鞋，残忍地踩死了一只猫的视频，引发网民热议。激进的网民制作了当事人的"通缉令"，三个嫌疑人受到网民的攻击。迫于舆论压力，当事人被停职，并向广大网民道歉，情绪近乎崩溃。用敲击键盘作为武器，用语言进行口诛笔伐以营造强大舆论杀伤力的群体，就是网络暴民。这类网络暴力事件如"虐猫事件"和2008年的"范跑跑"事件，都有网民将对当事人道德上的谴责化为诅咒、谩骂的语言暴力现象。网络暴政是指在网络社会，少数网民迫于强大的舆论压力，无法自由地表达想法，多数人以民主的名义对少数人的正当权利进行侵害，就构成了"网络多数人暴政"。比如通过人肉搜索侵犯少数网民的隐私权，网络"哄客"通过制造舆论压力压制少数网民的自由表达权，"网络恶搞"侵犯名誉权等，都是网络暴政的体现。这类是网络公共事务交流中要防止的负面现象。

（五）网络注意力素养

在网络时代，如何智慧地使用新媒体是一个重要的课题。网民对网络技术的积极应用要合理、合法，防止误用、滥用等行为，如网络犯罪、网络沉迷等。

通过 2011 年对上海大学生的调查可以发现，53.9％的大学生认为沉迷网络的现象"很普遍，我身边就有"；37.2％的认为"很普遍，但我身边极少"[①]。

在信息接收多终端时代，注意力成为稀缺资源，各媒体都在想方设法获取注意力。2010 年皮尤调查显示，美国每 6 个成年人中就有一个曾经因为边走路边打电话、发短信而跟路人或者别的什么撞个满怀[②]。从个人角度说，注意力是最重要的技术性资源，这对其他综合能力的培养至关重要。在恰当的时机进行多任务处理，策略性地分配注意力，对跨屏时代的网民而言是必备的素质。"专注是将你的注意力同数字化参与、协作、垃圾识别以及网络技巧结合起来。"[③]从组织层面来说，获取注意力资源就意味着获得利益或权力。《中国社会心态研究报告（2016）》显示，网民的注意力易受热点事件调动，往往不经任何预热便使事件的讨论迅速传遍网络。同时，网民的注意力消散也很迅速，一般仅持续 2—72 个小时[④]。所以如何有效控制网民的注意力是个严峻问题。早在 2014 年，《人民日报》就发文《加强网络时代的公众注意力管理》，认为善于把握和引导公众注意力，有利于达成治理者与公众诉求之间的"最大公约数"[⑤]。

三、网络道德伦理

如同一个社会需要有普适的价值观，网络社会提倡普遍的网络道德伦理。共同认可的伦理规则是谈论网络素养的前提。网络空间中道德意识相对淡漠，道德观念趋于弱化，人们对网络空间中违反道德规范的言行似乎比较宽容。辽宁师范大学的一项调查显示，在调查对黑客的态度时，有

[①] 曹荣瑞、江林新、廖圣清、董少校：《上海市大学生网络使用状况调查报告》，《新闻记者》2012 年第 4 期。

[②] Madden, Mary, et al., *Pew Internet and American Life Project*, Washington, DC: Pew Research Center, 2010.

[③] ［美］霍华德·莱茵戈德：《网络素养：数字公民、集体智慧和联网的力量》，张子凌、老卡译，电子工业出版社 2013 年版，第 4 页。

[④] 中国社会科学院：《社会心态蓝皮书：中国社会心态研究报告（2016）》，中国社会科学网，http://www.cssn.cn/zk/zk_zkbg/201612/t20161223_3355907.shtml。

[⑤] 胡敏霞：《加强网络时代的公众注意力管理》，《人民日报》2014 年 6 月 5 日。

17.2％的大学生崇拜黑客,甚至想尝试一下,有 25.9％的大学生认为对黑客不需谴责①。上述概括以一种耐人寻味的方式揭示了网络空间中的伦理与现实社会伦理的差异。

网络空间中伦理的建构实际上就是未来解决网络社会伦理与现实社会伦理如何调适、转换和兼容的问题,关键在于寻找两者之间的契合点。网络伦理原则是人们在信息交往中应当遵守的基本行为准则,参照有关学者提出的五条原则②,我们认为无害原则和知情同意原则是网络道德伦理的两个基本原则。

（一）无害原则。这要求任何网络行为对他人和网络环境至少是无害的。人们不应该利用网络技术给其他网络主体和网络空间造成直接或间接的伤害。这个不得伤害他人的消极禁令有时被称为道德底线,是评价网络行为的最初道德检验。网络病毒、网络犯罪、网络黑客等是严重违反无害原则的行为。

（二）知情同意原则。这是一条经典原则。在网络信息交换中,人们有权知道谁会得到这些数据以及如何利用它们。没有信息权利人的同意,他人无权擅自使用这些信息。比如为某一目的而采集到的个人隐私信息,在没有得到主体自愿和知情同意之前,不能用作其他目的。当有人把信息作为商品并在网络上自由交换有关个人的数据时,知情同意原则应该作为一个重要限制条件。

（三）公正原则。公正原则是指在相同情况下应当得到相同方式的对待。网络是一个生态系统,当你在网上痛快淋漓地冲浪时,应关心他人的存在、他人的感受,关心网站的利益,这是公正原则的要求。公正原则还要求我们应该密切关注世界各国网络化进程中发展不平衡的问题;关注网络中社会分层问题,即掌握和控制信息群体和不占有信息的群体之间的公正问题;关注网络资源配置的公正问题;关注不同文化生存的公正问题等。

（四）尊重原则。网络是人与信息的生态,生态的网络是人性化的网

---

①　薛伟莲、刘权威:《大学生网络道德现状调查与分析》,《辽宁师范大学学报》2011 年第 3 期。

②　李伦:《鼠标下的德性》,江西人民出版社 2002 年版,第 306 页。

络。人是具有自主性的,即自我决定的能力①。所以尊重原则的前提是认同网络中人的自主性,即网络中人被作为一个理性个体而彼此尊重。尊重原则要求网络主体之间应彼此尊重,不能把对方看成是纯粹的数字化符号和可以被随意操纵、计算的符号,个人信息也不是可以任意复制和粘贴的。这一原则表现在人与组织方面,则要求处于强势的组织要为其所属成员尽可能地提供资源共享的平台,并尊重各成员的隐私权等。任何人都不能将别人创造的信息作为自己的创造成果,要尊重信息创造者的权利和个人信息的隐私。

四、网络素养教育

网络素养的提高离不开教育。在欧洲和美国的纸质媒体时代,有识之士就已意识到大众媒介的强大作用,从小学到大学就已经开展了媒介素养教育。互联网时代,网络素养的教育更复杂、更深奥。在国内,媒介素养教育研究方兴未艾,教学实践还处于起步阶段,但开展媒介素养教育的必要性已成为共识。

在理论方面,1997 年"媒介素养"的概念被引入大陆传播学界②,此后学者们陆续发表了一些研究媒介素养和媒介素养教育的论文,此课题在学界逐渐受到关注。2004 年是中国媒介素养研究重要的一年,研究论文数量大增,使其成为一个显话题。该年出现了诸多"第一次",比如首次中国城市居民媒介素养现状调查,《媒介研究》第 3 期首开先河出版了媒介素养专辑,中国大陆首个媒介素养专业网站(复旦大学媒介素养小组创建)"媒介素养研究"正式开通③,中国第一本媒介素养教育教材出版等。2004 年 5 月,《武汉晚报》联合华中师范大学陶宏开教授发起"挽救上网成瘾者"行动,掀起全国对网络素养教育的热切关注。在实践方面,大陆媒介素养教育当前呈现点

---

① 〔美〕理查德·斯皮内洛:《铁笼,还是乌托邦——网络空间的道德与法律(第二版)》,李伦译,北京大学出版社 2007 年版,第 21—22 页。

② 卜卫:《论媒介教育的意义、内容和方法》,《现代传播(中国传媒大学学报)》1997 年第 1 期。

③ 媒介素养研究,http://www.medialiteracy.org.cn/index.asp。

状分布,教育多集中于学校教育,并逐步从高等教育机构向中等和初等教育机构扩散。

尽管所议分散,分歧很多,但学界对媒介素养教育的宗旨及意义等达成了共识。媒介素养教育的目标是培养健全的公民。教育的内容主要集中在两方面:一是了解媒介,会用并善用媒介,以批判性眼光解读媒介内容;二是使媒介为养成健全的人格服务。在互联网时代,媒介教育的对象很广泛,不仅包括媒介从业人员,大、中、小学生,还扩展到公民视野,包括教师、国家公务人员。

2017年"两会",腾讯CEO马化腾提案建议"加强未成年人健康上网保护体系建设,呼吁家长、学校、相关部门与互联网企业共同行动,整体协调和制定网络媒介素养教育的统一规划,提升青少年网络媒介素养"。目前中国的媒介素养教育已经从专家呼吁、委员建言、学者献策的阶段,进入了初始的实践阶段。以"90后""00后"为代表的"新生代"正成为网络舆论的新力量,网络素养教育亟待实行。

第九章

网络安全治理

网络安全事关人类共同利益、世界和平与发展及各国国家安全。对网络空间而言,网络安全的影响遍及信息传播、生产生活、经济发展、文化事业、社会治理、国际交流和国家主权等各个方面。没有网络安全就没有国家安全,这已经成为世界各国的共识。因此,加强网络安全治理,能有效维护国家的政治、经济、文化和社会安全,并提升我国在网络空间中的国际竞争力。

第一节 网络安全的提出

根据国际电信联盟的定义,网络安全是指"工具、政策、安全概念、安全保障、指导方针、风险管理方法、行动、训练、最好的实践、保障措施以及技术的集合,……旨在实现并维护组织和用户资产在网络空间的安全属性,反击网络环境中相关的安全风险"[①]。《中华人民共和国网络安全法》(下称《网安法》)将网络安全定义为:"通过采取必要措施,防范对网络的攻击、侵入、干扰、破坏和非法使用以及意外事故,使网络处于稳定可靠的运行状态,以及保障网络数据的完整性、保密性、可用性的能力。"

随着信息技术在经济社会中的普及,网络安全的重要性日渐凸显出来。

---

① 沈逸:《美国国家网络安全战略》,时事出版社 2013 年版,第 59 页。

以中国为例,2017 年上半年遭遇网络安全问题困扰的比例高达 52.6%①。世界各国普遍重视网络安全问题,并将其提升至国家安全的高度,成为与政治、军事、经济、文化等传统安全领域相互交叉的一个新的国家安全问题。

根据《网安法》精神,虚拟世界里的安全问题主要表现在两个方面:网络信息安全、网络与信息系统安全。它们是网络安全的重要内容,直接关系到社会乃至国家的安全。此外,随着数字经济的发展,数据的跨境流动和开发也日益成为各国关注的安全问题。

一、网络与信息系统安全

20 世纪 80 年代,计算机开始进入家庭和日常办公领域,人们对网络安全的理解主要是面向单机的、静态数据的保护;20 世纪 90 年代以后,互联网的普及使得人类对信息网络的依赖越来越强,垃圾信息、网络泄密、计算机病毒、黑客入侵等都是互联网时代的信息安全问题。近 10 年来,以移动互联网、云存储、大数据为代表的移动互联技术更是将网络架构布及整个国家的建设体系与个人节点,每一个处于互联网的终端个体(机)都有可能成为潜在的网络安全隐患。2015 年,移动终端的病毒感染比例为 50.46%,比 2014 年增长了 18.96%,64.22% 的被调查者发生过网络安全事件。其中,感染病毒、木马等恶意代码成为最主要的网络安全威胁,比例为 63.89%,比 2014 年增长了 0.19%。相比个人电脑,智能手机与用户的结合更为紧密,从好友名单、手机短/彩信等个人隐私,到微信、QQ 等即时通信工具,再到在线支付、电子商务等消费信息,对意图实施不法行为的人而言,这些数据无疑具有强烈的诱惑力,智能终端也就成为各种网络攻击的新标靶。

下一阶段,互联网与物联网的结合将会使整个社会中的信息与物质处于联动状态,牵一发而动全身。根据美国 ABI 调查公司数据显示,目前大约有 100 亿台可使用无线网络接入互联网的设备,到 2020 年这一数字将达到 300 亿。物联网为非法获取个人信息、知识内容、监视用户行为和破坏系

---

① 温婧:《过半网民遭遇网络安全问题》,北京青年报 2018 年 2 月 1 日。

统提供了方便,甚至还可能影响关键性基础设施的安全,如电网、石油、核电站、铁路系统等,这也为网络恐怖主义埋下了隐患。

二、网络信息安全

网络信息安全领域的问题主要包括网络侵权活动、劣质有害信息传播以及跨境数据安全等。

(一) 网络侵权活动

网络侵权是指未经权利人许可,擅自上载、下载、转载或在网上以其他不正当的方式行使专由权利人享有的权利行为[①]。目前,针对公民与机构的侵权行为主要涉及著作权、隐私权、名誉权、肖像权等方面。从治理的角度讲,网络侵权行为表现为易发布、传播快、清除难和维权成本高等特点[②]。

1. 侵犯著作权

利用网络侵犯著作权的行为主要有三种形式:未经授权下载、汇编和发行著作权人的作品;对著作权人的作品进行修改和删除;故意破坏或避开网络作品的技术保护[③]。另外,网游中的著作权问题也很突出,现有的著作权法中没有把网游单独作为保护对象,只是将其视为计算机软件的一种。事实上,网游"既具有功能性,同时又具有作品性……兼具有文字作品、美术作品、音乐作品、视听作品以及软件作品等的特点"[④]。

聚合类新闻客户端 APP 的侵权活动也值得重视。通过采用"加框链接"而非传统的"深度链接"方式,新闻客户端将被侵权的网页内容直接呈现在设链网页上,这极易造成用户的误解,以为新闻内容出自于设链网站之手。一些视频分享网站,如优酷土豆、bilibili 弹幕视频网,因其传播影视作品而引发的侵权纠纷数量也有上升之势,成为规模最大、最受关注的一类网络知识产权纠纷。

---

① 李良荣:《网络与新媒体概论》,高等教育出版社 2014 年版,第 200 页。
② 刘涵:《网络侵权信息具体类型及治理措施探析》,《今传媒》2016 年第 24 期。
③ 马丹娜:《论我国网络著作权法律保护问题》,《法制与社会》2016 年第 16 期。
④ 李杨:《论网络游戏著作权的界定和保护》,《法制与社会》2016 年第 14 期。

2. 侵犯隐私权

网络隐私权是指"公民在网上享有私人生活安宁和私人信息依法受到保护,不被他人非法侵犯、知悉、搜集、复制、利用和公开的一种人格权;也指禁止在网上泄露某些个人相关的敏感信息,包括事实、图像以及诽谤的意见等"[①]。目前,网络隐私权侵犯主要有以下三种方式。

(1) 在互联网上披露他人隐私。如通过"人肉搜索"的方式对特定人物或特定事件的信息进行搜索,借助计算机网络进行广泛传播,将隐藏起来的不为人知的信息经过搜索呈现在众人面前[②]。

(2) 非法跟踪他人网上活动,窥探、窃取他人隐私。如通过非法登录和攻击用户的计算机系统,从而达到窃取或篡改用户私人信息的目的。另外二维码的使用也须谨慎。现在二维码不仅是网民访问网页、网上购物和网络社交的重要入口,也成为商家用于市场营销的重要方式,成为连接线上与线下商业模式的桥梁。但借助二维码传播恶意网址、发布手机病毒等情况逐渐增多,甚至已发生恶意吸费,窃取银行卡号、手机通讯录等诈骗行为[③]。

(3) 网络服务商将用户信息用于商业目的。随着电子商务在社会生活中的应用,用户信息所蕴含的经济价值越来越受到人们的重视。借助大数据技术,对用户信息进行挖掘和二次开发,找到突破用户防线的切入口,以便向用户推销各类产品和服务。更有甚者,有些服务商玩起了"监守自盗"的把戏。他们将用户信息打包出售给第三方,以获取不当利益。除了第三方,雇主也有可能侵犯个人隐私。雇主在员工电脑里安装"后门程序",收集员工的个人数据,或者"通过'网络神探'等软件监视、拦截、记录雇员'不务正业'的证据"[④]。

3. 侵犯名誉权

网络上恶搞成风已是不争的事实,但网络恶搞极容易造成侵犯名誉权,而且它所捏造的事实还会误导网民,引发网络暴力声讨事件。除了个人参

[①] 李良荣:《网络与新媒体概论》,高等教育出版社 2014 年版,第 221 页。

[②] 石瑛:《人肉搜索的道德和法律出路》,河南大学 2011 年博士论文。

[③] 郭娇华:《乱扫"二维码"可能致账号泄密》,《国际旅游岛商报》2013 年 3 月 12 日。

[④] 曾璋勇:《新媒体环境下网络隐私权法律保护研究》,《现代商贸工业》2016 年第 37 期。

与的恶搞,有些机构也加入到恶搞的行列。据报道,一家专门从事恶搞的网站,只要输入被恶搞人的姓名,网站就会生成与此人相关的"绯闻",并伪造成新闻页面的样子,而这些伪造的页面还可以通过正规的搜索引擎被搜索和展示出来①。此外,对于网店的买家评价制度,近年来还出现了"职业差评师"的行当,专以给网店差评为手段实施勒索敲诈。

4. 侵犯肖像权

肖像权是公民对于自己肖像享有的专有权,它包括制作权、使用权以及保护肖像完整、禁止恶意毁损的权利②。修图软件的出现有助于人们对照片进行二次创作,但它也带来了新的问题。侵权人"把他人的网络人像摄影作品下载后,使用其中的一部分,比如使用肖像中的头像,更换身体或背景;也有的是更换了头像,使用了他人的身体,由于背景和身体的某些显著特征而被识别;还有的是使用别人网络人像摄影作品中的肖像,并对人物肖像的服装、道具进行修改,换上网络游戏等其他素材作为背景"③。此外,有些人出于恶意,运用 PS 技术对他人的肖像作品进行丑化,这不仅构成了对肖像权的侵害,还涉嫌侵害他人名誉权。

(二) 劣质、有害信息传播

所谓劣质、有害信息,主要包括虚假信息、垃圾信息、淫秽色情信息以及危害社会、民族平等与团结、国家安全和国家秘密的信息。这些信息的存在与传播严重影响了网络安全,也破坏了网络空间的清朗。

(三) 跨境数据安全

早在 20 世纪 70 年代,经合组织就提出了跨境数据流动的问题,意指"个人数据的跨国界流动"④。2013 年"斯诺登事件"发生,各国除了对美国企业直接获取他国公民个人信息的做法深表忧虑,还把焦点投向了跨境数据的安全问题上。

跨境数据的安全问题与云计算、大数据的出现有直接联系。"2003 年,

①　杨瑞云:《恶搞网站自动生成假新闻 涉嫌名誉侵权》,《解放日报》2013 年 5 月 24 日。

②　魏永征:《新闻传播法教程》,中国人民大学出版社 2010 年版,第 178 页。

③　王涛:《网络时代摄影作品的肖像权研究》,《现代视听》2015 年第 6 期。

④　石月:《数字经济环境下的跨境数据流动管理》,《信息安全与通信保密》2015 年第 10 期。

全球大概有 5 EB 的数据,到 2020 年,全球的数据预计会达到 40 ZB,全球数据正在呈爆发式增长。"①随着文档被数据化,数据的属地管辖权和举证能力成为国际社会争议的两个主要话题。

跨境流动语境下的数据包括三种形态:个人数据、商业数据、公共数据。从网络安全的角度看,这三种数据的意义是不一样的。个人数据主要涉及公民人格权利的保护,商业数据主要涉及产业政策和出口管制,公共数据则更多地与社会、国家安全相关。

不同数据源自不同主体,并带来了不同的责任归属。个人数据与公民个人相关,商业数据与企业有关,而公共数据则主要由政府负责。但在实际生活中,不同种类的数据常常发生相互交叉的情况。人们上网时留下的个人信息,如标识身份的相关数据,或者上网过程中产生的个人数据,如网络行为记录,对当事人而言,这是他的个人数据,但对网站而言,他们希望将这些数据商业化以盈利,而当这些数据达到足够的规模以至关乎国家安全时,政府则会将其视为公共数据以维护数据安全。特别是在跨境流动时,数据的安全性就变得更加复杂。

第二节　西方国家互联网管理方式

西方国家对互联网的管理主要从法律、技术、行政监管、行业自律和公众监督等方面加以实施。

一、立法保护

互联网建设走在前列的国家都十分重视互联网立法。1973 年,瑞典出台了世界上第一部涉及计算机犯罪惩治与防范的法律《数据法》。1977 年,美国制定了《联邦计算机系统保护法》,首次将计算机系统纳入法律的保护

① 《2017 年全球大数据产业规模与竞争格局预测》,前瞻产业研究院,http://www.qianzhan.com/analyst/detail/220/170411-e19f6837.html。

范围。1997年,德国通过了《信息与通讯服务法》,这是世界上第一部有关网络媒体的法律。

调查表明,大约30%的国家正在制定有关互联网的法规,而70%的国家在修改原有的法规以适应互联网的发展①。近年来,各国关于网络安全的立法,主要集中在打击劣质有害信息传播、保护公民个人隐私、维护未成年人利益、推动电子商务发展等方面。

(一)打击劣质有害信息传播

自1997年至今,美国陆续制定了130多项有关互联网管理的法案,其范围涵盖了互联网的各个领域,其全面性居全球之首。其中,《联邦禁止利用电脑犯罪法》《电脑犯罪法》《通讯正当行为法》《儿童互联网保护法》等法律涉及对网络内容的规制。除了联邦法律,各州、市也出台了相应的法规。有26个州制定了《反垃圾邮件法》,纽约市立法严惩散布有关银行金融状况谣言的行为,加州法律规定,校方有权对利用网络散布谣言的学生予以停学或开除处分②。

韩国的《电子通信基本法》规定,利用电子设备散播虚假信息者将被处以5年以下有期徒刑和5 000万韩元以下罚款。泰国的《电脑犯罪法》规定,在网上散播虚假信息者将处以最高5年监禁或最高10万泰铢的罚款。澳大利亚法律规定,传播淫秽色情和暴力信息将处以最高11万澳元罚款和入狱5年的处罚。新加坡通过专门法、部门规章以及一般法律等三个渠道对网络信息进行规制③。

近年来恐怖活动的增多促使各国加大对网络内容的监管。2008年孟买发生恐怖袭击案后,印度对《信息技术法》进行修订,加大了对利用网络传播不良信息的行为的惩处力度。俄罗斯重视意见领袖的作用,《知名博主新规则法》要求知名博主必须对自己博客上的内容负责,不得包含公开呼吁实施恐怖活动或公开美化恐怖主义的材料及其他极端主义材料④。

---

① 汪玉凯:《加强网络治理是各国政府的重要职责》,《光明日报》2012年6月8日。

② 孙广远:《国外如何管理互联网》,《红旗文稿》2013年第1期。

③ 李刚:《各国打击网络谣言举措》,《中国信息安全》2012年第5期。

④ 林雪丹:《俄罗斯博客新规:访问量超3千人次博主将被监督》,人民网,http://world.people.com.cn/n/2014/0802/c1002-25388797.html。

（二）保护个人隐私

各国高度重视对公民隐私的保护，通过制定专门的法律来落实这一精神。如美国出台了《隐私权法》《儿童在线隐私保护法》，日本制定了《个人数据信息处理中隐私保护对策》，要求对个人信息采取合理的安保手段，并围绕《个人信息保护法》建立起一套较完善的个人信息保护制度；巴西通过了有"网络宪法"之称的《网络民法》，要求跨国互联网公司在国外存储巴西公民信息时，必须遵守巴西相关法律；韩国法律规定，向第三方非法透露个人信息者最高可判处 7 年以上徒刑。

欧盟采取的原则是以用户许可为前提，2012 年，《数据保护指令草案》强调，"如果没有用户明确同意，则不得处理个人数据"①。相关法律还有《保护隐私及跨国交流个人资料准则》《欧盟隐私保护指令》。德国的立法工作比较突出，1997 年制定的《多媒体法》主要针对隐私权和个人信息的保护②。此外，德国还制定了《联邦数据保护法》《信息与通讯服务法》，对个人信息与隐私保护作出规定。

（三）保护未成年人

美国专门出台了《儿童在线隐私保护法》《通信端正法》《儿童互联网保护法》等一系列相关法律。《儿童在线隐私保护法》规定，任何提供网络服务和产品的组织与个人，不得通过电子邮件、聊天等办法，搜集 13 岁以下儿童的姓名、家庭住址、电子邮件地址、电话号码或儿童父母的个人信息等，违者将依法严惩③。澳大利亚通过了《加强儿童网络安全法案》（2014），要求网络内容服务商与运营商删除网络欺凌内容，为保障落实，政府还投入 240 万美元成立儿童网络安全专员办公室④。欧盟要求各国可以在 13—16 岁之间调整年龄下限，那些不满年龄下限的用户只有得到父母许可才能使用网

---

① 赵华明：《论网络隐私权的法律保护》，《北京大学学报·哲学社科版》2002 年第 21 期。

② 唐绪军：《破旧与立新并举，自由与义务并重——德国"多媒体法"评介》，《新闻与传播研究》1997 年第 3 期。

③ 孙广远：《国外如何管理互联网》，《红旗文稿》2013 年第 1 期。

④ 《澳大利亚通过法案保护儿童网络安全》，《人民邮电报》2015 年 4 月 15 日。

络,此规定计划在 2018 年实行①。

各国高度警惕色情内容对未成年人的影响。德国出台《阻碍网页登录法》,要求建立封锁网站列表来限制网络色情内容,"联邦危害青少年媒体检查处"将 5 400 家媒体列为"青少年不宜接触媒体",要求服务商不得对其进行链接或在搜索引擎中出现。希腊法律规定,在网上实施儿童色情犯罪者,最高可处 13 年刑期②。意大利针对网络视频出台专项法令,要求包括 YouTube 在内的互联网网站上传的视频都要受到审核,主要是为了防止暴力和色情视频在网上泛滥③。

(四) 推动电子商务的健康发展

相比个人隐私保护,在电子商务领域,各国主要是本着促进和鼓励的态度。美国通过联邦和州两个层面来立法。1995 年,犹他州颁布了全世界第一部全面确立电子商务运行规范的代表性法律文件《数字签名法》。1999 年,统一州法全国委员会通过了《统一电子交易法》。2000 年,国会通过《全球和国内商业法中的电子签名法案》。欧盟的电子商务立法,主要的法律文件包括:《电子商务指令》《电子签名指令》《远程合同中的消费者保护 97/7 号指令》和《数据保护指令》等法律法规④。

二、技术手段

互联网首先是一个技术工具,各国普遍采用技术手段来维护网络安全。德国对反犹主义等不良言论保持高度警惕,通过技术手段严禁此类言论在网上传播。不少国家则强化 ISP(网络服务商)的管理责任。法国出台"费勒修正案",要求 ISP 必须向客户提供信息封锁手段⑤。此外,法国还规定,ISP 有义务向用户推荐"家长监督器"等儿童上网保护软件,它可以屏蔽

---

① 冯雪珺:《德国强化社交网络管理:删除不良信息 净化网络言论》,《人民日报》2015 年 12 月 28 日。

② 孙广远:《国外如何管理互联网》,《红旗文稿》2013 年第 1 期。

③ 张意轩:《中国互联网在规范中前行》,《人民日报(海外版)》2010 年 2 月 1 日。

④ 徐龙:《个人网店的法律地位探析——从一起淘宝网店的名誉权纠纷切入》,《湖南警察学院学报》2016 年第 28 期。

⑤ 张意轩:《中国互联网在规范中前行》,《人民日报(海外版)》2010 年 2 月 1 日。

90％以上的不良网站①。澳大利亚要求，ISP 应向用户提供必要的网络内容过滤软件②。印度则对黑莓软件、IM 工具和 Facebook 等社交平台进行监控，并要求 ISP 协助政府删除不良信息③。

美国使用"网络巡逻"软件对内容进行过滤，其主要功能是限制每天访问网络的次数和每天、每周上网的时间，限制使用不良网站和某些特定网站的内容。"9·11"之后，美国重点加大了对与基地组织有关的言论监控。在抵制色情内容方面，《儿童互联网保护法》要求公共网络必须装有色情过滤软件。

三、行政手段

行政监管素有时间短、见效快的特点，各国通过设立专门机构、分类许可、内容分级以及"黑名单"制度来发挥行政手段的效能。

（一）成立专门机构

美国成立了多家负责网络安全的机构，分布在通信、司法、情报和军队等不同领域，如联邦通信委员会、白宫网络安全办公室、全国通信与网络安全控制联合协调中心，它们共同构筑起一套完善的网络监控机制。

英国成立"互联网监看基金会"后，主要用以监控色情信息、种族主义言论等非法内容，并通知相关单位删除。成立以来，该基金会工作出色，效果良好，英国政府计划将此模式推广到其他的领域④。

俄罗斯在俄联邦安全总局、俄内务部和俄联邦媒体与文化管理局分别设立了侧重点不同的网络监管机构⑤。

委内瑞拉将网络内容分为新闻与信息两个大类，分别由通讯和信息部、国家电信委负责。同时，政府还关闭传播谣言的私人电台、电视台，并在国际电视台开辟专门栏目，澄清各种传闻⑥。

---

①② 孙广远：《国外如何管理互联网》，《红旗文稿》2013 年第 1 期。

③⑥ 李刚：《各国打击网络谣言举措》，《中国信息安全》2012 年第 5 期。

④ 陈丽丽：《国外互联网内容管理的经验》，《人民法治》2015 年第 12 期。

⑤ 孙广远：《国外如何管理互联网》，《红旗文稿》2013 年第 1 期。

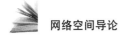

波兰计划设立一个单一联络点,收集全国范围内的网络安全事件信息,并与其他国家的同类机构进行跨境信息交流①。

此外,澳大利亚的通信与媒体管理局、新加坡的媒体发展管理局、瑞典的社会保护和应急署与国家警察署、韩国的互联网安全委员会等,都是专司网络安全的机构②。

(二) 实施分类许可

新加坡对 ISP 与 ICP 实施分类许可制度。ISP 必须在媒体发展管理局登记后方能开始工作,而 ICP 不用登记,但涉及政治和宗教问题、经营网上报纸并收取费用的 ICP 及在新加坡注册的政治团体所创建的网站则需要注册登记。这种分类方法使准入时的许可起到先期过滤作用,这对准入后的市场监管非常有利。

新政府对传统媒体与网络媒体实施统一标准。对"每周至少发布一条有关新加坡新闻与时事资讯,且每个月的访问用户超过 5 万个独立 IP 地址"的本地新闻网站,需要个别申请执照,并缴付一笔 5 万元的履约保证金③。

(三) 倡导内容分级和"黑名单"制度

互联网拥有海量信息,要对劣质、有害内容进行全面查禁几乎是不可能的。所以,实施内容分级是一个相对有效的办法。

澳大利亚由通讯传媒局和分级委员会负责对互联网实施分级。英国由电影分级委员会对视频作品实施分级。新加坡、日本等国也有类似的机构和制度。

在此基础上,有些国家还施行"黑名单"制度。澳大利亚 ACMA 主管这项业务,根据用户投诉,ACMA 将举报内容交由分级委员会评估,据此制定"黑名单"并将非法信息移交给相应的执法机构来处理,同时通知网络运营商将该内容从服务器上删除。为保证"黑名单"的合理性,澳大利亚政府还

---

① 《波兰数字化部准备推出网络安全战略》,中国网信网,http：//www.cac.gov.cn/2016-03/01/c_1118199006.htm。
② 孙广远：《国外如何管理互联网》,《红旗文稿》2013 年第 1 期。
③ 陈丽丽：《国外互联网内容管理的经验》,《人民法治》2015 年第 12 期。

成立社区评估专家小组对"黑名单"进行评估①。

四、行业自律

各国在行业自律方面有两种模式，一种是政府指导行业自律模式，如美国；一种是政府与行业共同管理模式，如法国。

美国政府对网络的基本态度是鼓励和促进，以充分发挥网络在经济社会中的作用。但是，政府并没有放松对网络的监管力度。政府一方面出台大量的法律文件，为自己在适当的时候实施网络监控提供合法依据，另一方面，也给互联网机构制定自律规范提供参考和依据。在美国，有9个著名的互联网信息安全行业组织，分别从信息安全的技术、教育培训、信息交流、从业资质认证、网络安全应急响应、从业人员社会责任等方面制定了许多详细的职业道德规范②。考虑到企业因害怕泄露公民隐私而不愿与政府共享信息的难处，奥巴马政府于2012年出台《网络用户隐私权利法案》。这一法案并非强制性的，但为企业如何保护用户隐私设定了7项原则。2015年12月，加州圣贝纳迪诺市枪击案发生后，奥巴马再次呼吁高科技公司加强与政府协作，共同反恐。

英国、日本、加拿大等国也采取了类似的模式。英国通过"网络监看基金会"来实行行业自律。日本要求互联网企业必须加入行业所在的协会中，"行业协会大都归总务省管辖，总务省通过对行业协会发布通知，从而间接管理电话、电视、网络等，防止谣言的传播"③。

以法国为代表的政府与行业共同管理模式与美国模式不同，法国注重网民的作用，将"在政府、网络技术开发者和网民三者之间有效地互助的前提下，形成对网络的运营监管"④。在法国，互联网企业先后成立了"法国域名注册协会""互联网监护会""互联网用户协会"和"互联网理事会"等

①　陈丽丽：《国外互联网内容管理的经验》，《人民法治》2015年第12期。
②　孙广远：《国外如何管理互联网》，《红旗文稿》2013年第1期。
③　李刚：《各国打击网络谣言举措》，《中国信息安全》2012年第5期。
④　孙岩：《浅析借鉴国外互联网虚拟社会管理模式》，《才智》2016年第6期。

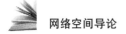

机构①。

新加坡、澳大利亚等国尽管推行政府主导模式,但它们也没有忽视行业自律组织的作用。2001年2月,新加坡颁布《行业内容操作守则》,指导企业建立行业规范和不良信息甄别标准。1999年,澳大利亚制定《广播服务(在线服务)修正案》,其中第5附件第62至67条就行业准则进行了规定②。

五、公众监督

澳大利亚在ACMA网站上对网民进行网络安全教育,还邀请普通民众加入评估小组,对内容分级的结果进行评估。法国的网民和新闻工作者成立"停止传谣"等网站,针对虚假信息进行辟谣。2011年,日本大地震后,政府一方面要求ISP删除虚假信息,另一方面,还委托民间互联网服务商加强对震后网络不良信息的监管,对特别恶劣的信息进行强制删除③。

公众监督与公众教育是一体两面的事情,各国普遍重视对公众的教育。新加坡成立互联网家长顾问小组,帮助家长学习如何指导孩子健康上网。英国的电影分级委员会在官网上开设专栏,对师生进行培训教育。此外,政府还在社区成立公民咨询局,其工作人员是来自各行各业的专家,负责对民众答疑解惑,提供法律咨询,并将民众的诉求向有关部门反映。

第三节　中国网络安全治理

我国的网络安全治理具有起步早、范围广、立法位阶高、法律数量多等特点,同时,也经历了一个不断体系化与合理化的探索和完善过程。在此基础上,逐渐形成了以行政监管、技术控制、行业自律和公众监督为支柱的治理体系。

---

① 孙广远:《国外如何管理互联网》,《红旗文稿》2013年第1期。
② 陈丽丽:《国外互联网内容管理的经验》,《人民法治》2015年第12期。
③ 孙广远:《国外如何管理互联网》,《红旗文稿》2013年第1期。

一、法制建设历程

我国的互联网法制建设始于 1996 年,国务院发布了《计算机信息网络国际联网管理暂行规定》,两个月后,原邮电部又公布了相关的管理办法,这标志着我国依法治网的开始。

2000 年以后,我国涉网法律的制定和出台呈井喷之态,这呼应了我国互联网高速发展的态势。其中,影响较大的有《全国人民代表大会常务委员会关于维护互联网安全的决定》(2000)。"2005 年后,管理部门在互联网管理上的职责分工和管理思路日渐清晰,相关立法虽然数量增长趋缓,但分量很重。"[1]其中,影响较大的有《侵权责任法》(2010)和《刑法修正案(九)》(2015)。

自 1996 年至今二十余年的时间里,从全国人大开始,包括中央与国务院及各部委,以及地方人大和政府,都参与了互联网与新媒体法制建设,先后制定了多部针对互联网的法律、行政法规、司法解释、部门规章、地方性法规和规章,加上其他法律中涉及的互联网内容,基本形成了专门立法和其他立法相结合、涵盖不同法律层级、覆盖互联网主要领域和主要环节的法律制度。据统计,截至 2012 年,我国的涉网法律合计达 1 006 部[2],我国成为世界上在该领域立法最多的国家[3]。

我国的涉网法律主要有以下几方面内容:"一是以实现保护网络安全功能为目的的立法;二是以实现网络服务行政许可及管理为目的的立法;三是以私人信息保护为目的的立法文件;四是以保护知识产权为目的的立法;五是以文化管理及先进文化倡导为目的的立法。"[4]

---

① 唐海华:《挑战与回应:中国互联网传播管理体制的机理探析》,《江苏行政学院学报》2016 年第 3 期。

② 张平:《互联网法律规制的若干问题探讨》,《知识产权》2012 年第 8 期。

③ 李永刚:《我们的防火墙:网络时代的表达与监管》,广西师范大学出版社2009 年版,第 75 页。

④ 杨蓝:《浅析编造、故意传播虚假网络信息的刑法规制》,《法律经纬》2016 年第17 期。

在此背景下,2016 年 11 月 7 日,《中华人民共和国网络安全法》①正式出台。《网安法》的指导思想有三：坚持从国情出发；坚持问题导向；坚持安全与发展并重。其内容主要有以下六个亮点：明确网络主权的原则；明确网络产品和服务提供者的安全义务；明确网络运营者的安全义务；进一步完善个人信息保护规则；建立关键信息基础设施安全保护制度；确立关键信息基础设施重要数据跨境传输的规则②。

《网安法》对我国的网络安全建设做出了一个较全面的顶层设计,这是继《决定》之后,我国在网络安全立法上的又一个里程碑式的成果。其预期效应主要表现在："第一,弥补我国参与国际网络安全治理的短板,尤其是涉及隐私保护、数据跨境和个人信息安全等关键网络空间国际规则的制定；第二,带动其他发展中国家重视网络安全,'中国经验'可以供其他国家借鉴,从而为全球网络安全的提升助益；第三,有利于外资 ICT 企业在华合法、合规地经营；第四,为各国在网络安全路的合作提供了法理依据"③。

二、管理方式演化

2000 年 10 月 11 日,十五届五中全会在审议通过的"十五"计划建议稿中指出："大力推进国民经济和社会信息化,是覆盖现代化建设全局的战略举措。以信息化带动工业化,发挥后发优势,实现社会生产力的跨越式发展。"换言之,对网络的管理是置于发展的前提下。基于这个精神,我国政府对网络始终坚持"积极利用、科学发展、依法管理、确保安全"的工作思路④。

在网络安全领域,我们的管理模式经历了从"九龙治水"到"顶层设计"的变化过程。1993 年美国提出建设信息高速公路计划之后,中国也在同年提出建设实施"三金工程",即建设中国的"信息准高速国道",并于年底成立

---

① 《安全法》的实施日期为 2017 年 6 月 1 日,作者注。
② 童岚、杨合庆：《网络安全法有六大亮点》,新华社,2016 年 11 月 8 日。
③ 鲁传颖：《从全球安全视角来看制定〈网络安全法〉的意义》,中国新闻网,http：//www.chinanews.com/ll/2016/11-01/8049733.shtml。
④ 《中国互联网状况白皮书》,中华人民共和国国务院新闻办公室,http：//www.scio.gov.cn/zxbd/tt/Document/1011194/1011194.htm。

国家经济信息化联席会议①。自此以后,参与互联网管理的机构越来越多,为解决多头治理带来的不便,"全国互联网网站管理工作小组"(下称"工作组")于 2006 年成立。但是,作为一个临时性协调机构,"工作组"显然无力应对网络快速发展带来的新变化。

2014 年 2 月 27 日,中央网络安全和信息化领导小组(下称"小组")成立,这标志着我国在网络安全管理上开始进入"顶层设计"阶段。作为我国网络管理的最高权力机构,在统筹各方现有的管理资源基础上,"小组"既为国内的网络安全提供制度性保障,也为参与全球网络治理做好了准备。

在坚持政府引领的基础上,新一届中央领导集体"强调发挥政府、国际组织、互联网企业、技术社群、民间机构、公民个人等各个主体作用"②。在此基础上,"中国构建起了法律规范、行政监管、行业自律、技术保障、公众监督和社会教育相结合的互联网治理体系"③。

(一) 行政监督

近年来,相关部门开展了一系列的治理行动以确保网络空间的秩序。2012 年 3 月,公安部开展打击网络违法犯罪专项行动,截至 8 月,各地公安机关共侦破涉网违法犯罪案件 1.2 万余起,抓获犯罪嫌疑人 1.9 万余名,清理网上贩卖枪支弹药、爆炸物品、公民个人信息以及淫秽色情等违法有害信息 385 万余条,依法查处整治违法违规互联网服务单位 1 万余家④。在 2013 年的行动中,一批知名的网络推手和微博大 V 被刑拘,一些非法网站被关闭。

2005 年,国家版权局会同公安部、工信部等相关部门联合开展以打击网络侵权盗版为目的的"剑网行动",迄今已连续 11 年之久。在 2013 年的行动中,版权局重点对社会影响大、性质恶劣的十大案件进行查办。其中,

---

① 方兴东:《中国互联网治理模式的演进与创新——兼论"九龙治水"模式作为互联网治理制度的重要意义》,《人民论坛·学术前沿》2016 年第 6 期。

② 《习近平在第二届世界互联网大会开幕式上的讲话(全文)》,新华网,http://news. xinhuanet. com/politics/2015-12/16/c_1117481089. htm。

③ 陈家喜:《中国共产党与互联网治理的中国经验》,《光明日报》2016 年 1 月 25 日。

④ 刘晖:《公安部部署深化打击整治网络违法犯罪专项行动》,《人民公安报》2012 年 8 月 14 日。

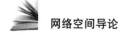

百度、快播公司侵犯著作权案被列入十大案件之首,版权局对两公司分别作出罚款 25 万元的行政处罚。

（二）技术把关

从技术角度控制网络信息的传播,主要有对外和对内两个方面。自 20 世纪 90 年代开始,我国政府通过技术手段建设了防火墙。"这一技术工程保证了中国互联网的相对独立性,将政府认定有害的境外信息拦截在外。"①

对境内信息的把关,主要是通过 ISP、ICP 来实现。2016 年 4 月 19 日,习近平总书记在网络安全和信息化工作座谈会上强调,网站对信息管理负主体责任。网站通常通过设置关键词,并辅以人工抽查来对信息进行过滤。对某些点击率高的帖子,则给予重点审查。

（三）行业自律

我国的行业自律与美国类似,坚持"法律规制为主导,行业自律为辅助",在政府指导下实现行业自律。

2001 年,中国互联网协会（下称"协会"）成立,这标志着我国互联网行业自律走上正轨。次年 3 月 26 日,"协会"发布《中国互联网行业自律公约》,新浪等一批知名网站率先加入,随后,各省市的"协会"分会发动当地 1 800 多家企业加入了协会。2004 年 12 月 30 日,由搜狐发起、30 多家内容应用服务的提供商参加的"无线互联网诚信自律同盟"（下称"联盟"）成立。不同于具有官方色彩的"协会","同盟"是由互联网企业自发组建的一个民间自律组织,这标志着我国的网络机构开始具备自觉的自律意识。截至 2015 年 10 月,中国已有 546 家各类网络社会组织。

2016 年 2 月 26 日,中国互联网网络安全威胁治理联盟成立,首批有 89 家企业加入。它覆盖了网络安全的上下游企业,为成员间信息共享、协作共治提供空间,共同应对网络安全威胁。

（四）公众监督

公众监督的实现,主要是通过中国互联网违法和不良信息举报中心（下

---

① 唐海华:《挑战与回应:中国互联网传播管理体制的机理探析》,《江苏行政学院学报》2016 年第 3 期。

称"中心"）。2005 年"中心"成立以后，其职责在于，一方面接受和处理网民的举报，另一方面推动互联网企业行业自律。目前，"中心"开设了三个举报入口：违法和不良信息、暴恐有害信息、网络诈骗。以 2016 年 7 月的统计为例，全国处置有效举报 243.6 万件，处置率达 932%，反馈处置结果 241.3 万件，回复率 92.2%。

三、面临主要挑战

网络空间并非风平浪静的港湾，网络安全始终面临着机遇与挑战并存的矛盾：《网安法》的出台，虽然使治理有法可依，但要取得实效还需制度与政策的配合；行政管制虽然见效快，但其也内含了管理成本高、自我封闭性强、部门间协调性差等局限；各国对网络空间的话语权、网络规则的制定权和网络疆界的划界权的争夺，又为我们实现网络强国的战略目标带来了巨大挑战。

（一）《网安法》还需制度政策的配套保障

《网安法》的出台为我们依法治网、依法办网、依法上网提供了必备的法律依据，但是，寄希望于一部法律的出台而"毕其功于一役"，这是不现实的。同理，《网安法》出台后，并不能使网络立马就"安全"起来，其法律效力还需要相应的制度来保障。针对《网安法》的制度设计需要考虑以下四个方面：一是确立网络安全特定情况下的域外效力问题；二是《网安法》应成为其他法律的启动器，即当危及中国网络安全的事件发生后，《网安法》可以启动相应的法律程序；三是平衡行政执法机关与相关企业间的权责利冲突；四是警惕《网安法》出台所带来的某些群体的利益合法化以及其他群体边缘化的问题[1]。由此观之，我们要避免一个认识误区，即把法律与制度、政策、战略相混淆。它们都属于"顶层设计"，但是其作用却不同。所以，《网安法》出台后，国家相关部门还需要在制度、政策和战略层面做进一步的设计。

---

① 刘春泉：《网络安全法要靠制度设计确保安全》，《第一财经日报》2016 年 8 月 4 日。

（二）行政管制色彩较为浓厚

由于立法主体多为行政机关，其后果是法规和规章的数量远多于法律，而且还体现出较严重的管制色彩。

首先，重管理，轻服务。行政机关在制定规范时总是以政府管理为出发点，因此，"侧重规定管理部门的职权、管理和处罚措施等内容，在管理方式上以市场准入和行政处罚为主，在规范设计上以禁止性规范为主，缺乏激励性规范"①，如重视许可、审批、收费等。

其次，重公民义务，轻权利保护。在相关的法律法规中，多侧重强调公民的义务，而对应享有的权利却表述不足。

第三，重事后惩戒，轻事前引导。目前，"'监控防堵'的互联网治理模式仍为主导"②。这种做法的确能获得一定的效果，但是只是把网络置于一个"脆弱的平衡"状态之下。

（三）多元治理格局有待完善

2014年，中央网络安全和信息化领导小组的成立，实现了从"九龙治水"向"顶层设计"的飞跃。但是，"小组"尚在初创时期，一些问题仍然存在。

首先，政出多门、职能交叉。互联网几乎冲击了政治、经济、文化和社会生活的方方面面，各职能机构参与治理本是应有之义，但是，由于部门立法多从自身需要出发，必然带来部门间的职能交叉。此外，出于维护自身利益的需要，某些领域常常会成为人们争抢的"香饽饽"，反之，另一些领域则无人问津，于是，实践中难免出现或无所适从或无法可依的尴尬局面。

其次，缺少民间力量。目前，我国对互联网的治理责任落在政府和企业的身上。从政府的角度讲，它出台措施多处于方便管理的考虑，难免有急功近利的应急色彩，甚至趋向于"从重从快"来解决问题。比如，我们把对网络内容的监管和审查责任放在了互联网接入商与内容服务商的身上。这固然减轻了政府的压力，却增加了企业的麻烦。且不论企业是否有能力完成内容审查，事实上，对内容的审查涉及公民的言论自由权。作为受宪法保护的公民基本权利，交由并不具备监管主体资格的企业去监管，这与基本的法律

---

① ② 于施洋：《中国互联网治理"失序"的负面效应分析》，《电子政务》2016年第5期。

精神是相冲突的。

从企业的角度讲,追求利润最大化是其根本的内驱力。为盈利计,企业往往会不惜牺牲公民权益或公共利益,如放任不良信息泛滥以追求高点击率,炒作突发事件以吸引人气,甚至出售或利用网民个人信息来进行商业活动。反过来说,"在政府要求服务商承担内容管理责任时,服务商为避免承担监管不力责任而过度审查网络信息,为降低管理成本拒绝采用高精度的管理方式,采取诸如过度严格地限制批评政府或公职人员的言论或采用廉价粗糙的关键词过滤系统等"①。

(四) 网络空间的国际竞争日益激烈

网络安全不是一国一地的问题,而是全球化背景下各国面临的共同问题。因此,对网络安全的治理要在全球化的视野下进行考量,为参与全球网络治理留出余地。

2015 年,商业软件联盟发布《亚太地区网络安全概况》,认为亚太地区在建立全面的网络安全战略及出台必要法律保证关键基础设施方面行动过缓。究其原因,一些国家的地方标准和测试要求无法达到国际要求,如中国、韩国、马来西亚和越南,其网络安全计划尚处于信息基础社会设施阶段。相反,新加坡的网络安全建设目前呈现出积极的态势。

"互联网安全是包括信息、知识、技术、财富、意识形态等要素在内的复合型、基础性的国家安全,通过互联网治理保障现时代的国家安全已经成为国家安全治理的基本内容和重要组成部分。"②因此,加快我国网络安全战略的规划步伐,是参与国际网络安全治理的当务之急。

第四节　全球互联网治理体系

全球互联网治理体系的提出是网络技术发展和网络空间壮大的必然结果。其治理模式先后历经个人管理到机构管理乃至全球管理的进程。我国

---

① 于施洋:《中国互联网治理"失序"的负面效应分析》,《电子政务》2016 年第5 期。
② 宇文利:《中国互联网治理的转型性特征》,《人民论坛》2016 年第 4 期。

政府紧紧抓住网络治理全球化的契机,以世界互联网大会为平台,适时提出了"中国方案"。

一、全球互联网治理的提出背景

根据"IWS"(Internet World Stats)发布的"2017 年第一季度环球互联网用户数目 20 强排行榜",截至 2017 年 3 月 31 日,环球互联网用户达到 37.4 亿,其中,前 20 强国家用户数达 27.4 亿①。

但是,各国的发展水平并不均衡,从上网人数看,"发达国家的比例为 81.3%,发展中国家为 34.1%,而 48 个最不发达国家仅为 6.7%"②。而且,利用网络实施跨国犯罪已呈高发态势。如"信用卡欺诈、音视频盗版等高技术网络犯罪,互联网的广泛使用同样为非法药物合成、提取和流转提供了支持,此外,互联网还被广泛用于人口贩卖、濒危物种走私等非法交易,成为犯罪人员洗钱和通信的工具。"③更为严重的是,利用网络攻击实施恐怖主义活动,破坏一国或多国政府、金融、国防和民用等重要设施,更成为摆在各国面前的一个共同难题。在此背景下,各国纷纷探索建立适合自身的互联网治理体系,并在国际社会上对互联网治理达成更大的共识。

二、全球互联网治理的演进模式

全球互联网的治理经历了以下三个阶段:以科研人员为主导的个人管理;以 IANA(互联网号码分配管理局)为主导的机构管理;以 ICANN(互联网名称与数字地址分配机构)为代表的"多利益相关方"参与的全球管理。

互联网的前身阿帕网是"冷战"的产物,能接触阿帕网的主要是工程师和科学家,"一个典型的例子是,在域名系统成功地实现商业化和私有化之

---

① 《2017 年 Q1 全球互联网用户数据分析》,OFweek 光通讯网,http://www.cww.net.cn/article? id=417040。

② ITU:《衡量信息社会报告》,国际电信联盟,https://www.itu.int/en/ITU-D/Statistics/Documents/publications/misr2015/MISR2015-ES-C.pdf。

③ 《网络成为有组织犯罪的主要工具》,凤凰网,http://tech.ifeng.com/internet/detail_2011_05/05/6177219_0.shtml。

前,是由斯坦福大学管理的"①。此后,美国政府将 Internet 的地址资源分配权和有网络"中枢神经"之称的根服务器的管理交由 IANA 来负责②。1998 年 10 月,ICANN 在美国政府的支持下成立了,开始参与域名和地址资源的分配。

一直以来,各国对美国主控 ICANN 的做法就争议不断,让"多利益相关方"③参与互联网域名管理的呼声不止。印度曾于 2011 年倡导"互联网相关政策委员会",建议 CIRP 由联合国负责管理,以取代 ICANN。2016 年 10 月 1 日,美国商务部下属的国家电信和信息局域名管理权交给 ICANN。根据新的章程,"ICANN 的使命是确保互联网的唯一标识符系统(包括域名、IP 地址和协议参数)的稳定、安全运行。……不得具有任何政府授予的管制权,不得在规定的协调范围之外管制使用互联网唯一标识符的服务,也不得管制这些服务承载或提供的内容"④。

网络管理主导权从美国向"多利益相关方"转移,不仅有助于打击网络犯罪和恐怖主义,也有利于解决日渐严重的网络主权之争。

网络主权冲突首先反映在技术标准的控制上。由于根服务器的根区文件控制权在美国手上,因此,任何国家想要接入互联网都得接受美国所制定的网络协议,反之,则会被排除在互联网之外。有学者将"网络主权"划分为三个层面:物理层(基础设施)、应用层(经济与社会结构)、核心层(意识形态与上层建筑)⑤。由此观之,所谓技术标准之争,其目的无外乎是能否实现"同一个世界,同一个互联网"。尽管"在 ICANN 18 年历史中,(美国政府)没有对根区的操作进行过干预"⑥,但由于它掌握了域名分配的控制权,

---

① 刘杨钺:《全球网络治理机制:演变、冲突与前景》,《国际论坛》2012 年第 1 期。
② 全球共有 13 台服务器,1 台为主根服务器,其余 12 台为辅根服务器。这 12 台辅根服务器,9 台在美国,英国、瑞典和日本各有 1 台。
③ "多利益相关方"一说源自信息社会世界峰会,峰会由国际电信联盟倡议、联合国主办,分别于 2003 年和 2005 年在日内瓦和突尼斯分两个阶段举办。
④ 宋嵘:《浅谈 ICANN 的改革与国际化》,网络空间治理创新研究,https:// mp. weixin. qq. com。
⑤ 郝叶力:《三视角下网络主权的对立统一》,《网络安全技术与应用》2016 年第 10 期。
⑥ 宋嵘:《浅谈 ICANN 的改革与国际化》,网络空间治理创新研究,https:// mp. weixin. qq. com。

理论上也可以通过消除域名来把某个国家从互联网的世界里"抹去"。因此,美国所拥有的这种潜在"威慑力",使得各国对 ICANN 始终保持着高度警惕和戒备,这也影响了国际社会的相互信任与合作共识。

由此可见,ICANN 的出现,在一定程度上可以缓解各国间的猜忌和紧张。但是,这不等于说一个新的网络空间国际规则体系就此得以建立起来。网络空间的管理权刚刚从 IANA 向 ICANN 转移,大量的具体工作有待完成,各种突发事件都有可能发生。更重要的是,基于不同的立场,以美国为代表的西方国家、联合国、G20、金砖、上合组织,上述不同的主体都会提出对己方有利的倡议、标准和规则,这无疑为 ICANN 的未来增加了不少隐忧。

目前,新的军备竞赛已经在网络世界里出现。2009 年 1 月,美国国防部发表《四年任务使命评估》,将"网络中心战"列为美国的"核心能力"。5 月 29 日,美战略司令部对媒体宣布,他们正在征召 2 000 到 4 000 名士兵,组建一支网络"特种部队"。2010 年 5 月 21 日,美国国防部长罗伯特·盖茨宣布,网络战司令部正式启动。它隶属于美国战略司令部,而后者是一个将空间、信息对抗和进攻打击能力有机结合在一起执行空间和全球打击、全球范围内防止大规模杀伤性武器扩散等任务的一个机构。受美国的影响,北约、日本、韩国、伊朗、俄罗斯、以色列等国,纷纷加强网络军事队伍建设。此外,美国还凭借其先进的技术优势,不断对其他国家实施网络监听活动,以获得对其有利的情报信息。

文化和意识形态领域的博弈是一个新的且不容忽视的现象。发达国家通过 Google、Facebook、Twitter、YouTube、Skype 等搜索引擎和社交平台,大量发布煽动性内容,以期通过信息渗透达到对别国政府的威胁甚至颠覆的目的。美国政府历来重视通过网络实施意识形态宣传。在奥巴马任内,美国国会通过了"2016 反信息战法案",该法案的目的是防范国外势力对美国国内政治的干涉。2016 年 12 月 29 日,奥巴马宣布了对俄罗斯的制裁措施,包括驱逐 35 名俄外交官,关闭俄在美的两家领事馆,并对 2 家情报机关、3 家安全企业和 4 名个人列入黑名单。奥巴马此举主要是针对俄罗斯黑客干预美国大选一事,在他看来,"黑客干预大选构成了对美国民主体制的严重挑战,是对美国国家利益的直接威胁,因此必须采取强有力的威慑举措。不采取强硬制裁,就是对其他国家和黑客组织类似活动的鼓励"①。

对于美国的指责和制裁,虽然俄方没有正面回应,但是,这显示出一个可怕的问题,即"如果国际社会不在这方面制定规则的话,在各国大选、政府换届的关键时刻,一定会有越来越多的'爆料''虚假信息'出现并控制选举进程和干预选举结果。民主制度将会毁于网络安全并不是危言耸听"②。进言之,随着网络安全问题的日益严重,一些军事、情报、安全等强力机关开始获得越来越多的话语权,"如果任由此事不断蔓延,国际安全稳定和经济全球化发展的趋势一定会受到重大负面影响,各国政府都已被裹挟进了一场网络安全军事和情报竞赛,网络空间国际安全的冲突已经升级到了一个新的阶段"③。这是全球互联网治理模式演进中最值得警惕的一个趋势。

三、全球互联网治理的中国方案

我国是互联网大国,"截至 2017 年 12 月,我国网民规模达 7.72亿,……互联网普及率达 55.8%,……手机网民规模达 7.53 亿"④。作为一个网民数量居全球首位的国家,参与全球互联网治理既是必然也是必需。因为,这既有助于提升我国在网络技术上的进步,也有利于我们争取网络空间的话语权,更可以为国内经济社会发展提供良好的外部环境。

互联网治理模式从 ICANN 向"多利益相关方"转移给我国带来了新的机遇。美国政府放松对网络的控制权,为我们争取全球治理的话语权提供了契机;"中国是黑客的主要受害国",加入"多利益相关方"有助于解决我国日趋严重的网络攻击问题。

2015 年,第二届世界互联网大会在中国举行。会上,习近平主席发表主题演讲,提出了"中国方案"。首先,实现互联网全球治理体系的变革是目标,而实现这一目标的两个支点是:共同构建和平、安全、开放和合作的网络空间,建立多边、民主、透明的全球互联网治理体系。在变革过程中,必须

---

① ② ③　鲁传颖:《黑客干预美国大选:大国博弈与国际网络安全冲突》,《信息安全与通信保密》2017 年第 2 期。

④　CNNIC:《第 41 次中国互联网络发展状况统计报告》,中国互联网信息中心2018 年 1 月。

坚持四项原则：尊重网络主权；维护和平安全；促进开放合作；构建良好秩序。通过上述手段，最终构建起网络空间命运共同体，它包括以下五个方面的内容：加快全球网络基础设施建设，促进互联互通；打造网上文化交流共享平台，促进交流互鉴；推动网络经济创新发展，促进共同繁荣；保障网络安全，促进有序发展；构建互联网治理体系，促进公平正义。

2016年，第三届世界互联网大会在中国举行，并发布《2016年世界互联网发展乌镇报告》（下称《乌镇报告》）。《乌镇报告》中指出，2016年，全球网络安全问题进一步凸显，并引发各国政府的积极应对。具体表现在：各国加强网络安全的顶层设计，同时，将关键基础设施和数据保护提升至国家安全层面，此外，针对网络犯罪和网络恐怖主义威胁的跨国司法与安全合作得到了加强。因此，制定为各方普遍接受的网络空间国际规则已成为国际社会的共同愿望。

第十章

网络理政探索

　　互联网信息技术的发展构成了网络空间的技术基础,人与人的交往和社会交流构成了网络空间的新生态,网络政治意识和网络文化现象透过网络空间渗透到现实空间中,形成了全新的政治与文化面貌。然而,这也是国家治理的新契机,如何巩固公众政治信任、加强政治参与、建立健全协商机制、塑造全新的政治和文化理念成了互联网时代提升国家治理能力的重要命题,而治理理念的发展也为新闻传播研究领域带来了新变革。

第一节　网络理政兴起的时代背景

　　互联网时代的国家治理面对新的环境和挑战,全球化和信息化的浪潮使国家权力得到了延伸。在实际生活中,网络空间的活力远远超出政府所能掌控的程度,国家治理必须回应这一特殊的时代背景,一系列网络政治政策的出现都宣告了国家治理网络化的趋向,网络理政作为新的治理理念应运而生。

　　网络理政主要是指政府利用互联网、新媒体与社会各界沟通,及时了解社会动态和公众利益诉求,宣传和解释方针政策,主动征求公众意见及建议。网络理政强调以人民为中心,涉及政府信息公开、公众参与决策、多主体协同治理以及个性化便民服务等一系列重大问题。它在理念上强调民主、开放、参与和协商,通过多方参与治理的方式来解决治理中遇到的问题,实现政府与公众良性互动。网络理政要求建立服务型数字政府,使政府依托数字信息技术进行决策、管理和服务。开放、透明、负责任的数字政府可以大幅度提高行政效率,为人民群众提供更好的服务[①]。

"治理"的概念来源于西方,原意是控制、操纵和引导。在 20 世纪 30 年代,治理作为一种理念开始兴起,指"统治者或管理者通过公共权力的配置和运作,管理公共事务,以支配、影响和调控社会"。而国家治理蕴含了国家的意志,包含了由国家主导的各类结构性要素的组合。

国家治理的主体,除了国家与政府,也包括市场、社会企业、社会组织和公民团体,通过调动各个主体参与国家治理的积极性和主动性,达到国家与社会关系的平衡,是国家运用公共权力管理社会公共事务和实现公共利益需求最大化的活动和过程。

互联网时代的国家与社会关系已经发生了巨大变化。人类自产生阶级和社会阶层以来,国家与社会的关系就一直存在博弈和调整,这其中的张力就形成了公民政治参与的空间,成为国家治理与民主政治的一种体现。当前网络空间已经成为社会结构中不可缺少、不可忽视的组成部分,原本自上而下的垂直治理方式在互联网时代很难有效发挥作用,社会问题与社会矛盾也有了新的延展与体现,这是国家治理所面对的新环境,也对国家治理提出了新要求。

第二节 网络理政发展的阶段内容

当前整个世界正处于一个政府权力不断被分化、服务性功能正在不断凸显、开放交往程度逐步提升的全球化日趋拓展的网络时代。网络空间的发展使网络理政成为政府应对新形势的重大改革举措,网络理政所代表的治国理政理念也影响着社会生活与文化交往环境。国家治理有了技术平台基础,也建立起了较为高效的决策机制,网络理政应运而生。

---

① 沈国麟、李良荣:《政府应善于进行网络理政》,《人民日报》2016 年 7 月 11 日。

一、网络理政的主要发展阶段

（一）准备阶段

20 世纪末期，"电子政府"开始在部分发达国家和地区萌芽，呈现出政府信息化建设的初步探索，主要表现为政府开始在互联网上建立网络平台，利用计算机、因特网等现代信息通信技术，提高办公效率，改善行政信息，加快信息获取。

信息传递平台为社会问题的讨论提供了基础，信息的流通加速了政治信息和社会议题的流动速度，互联网的特点又成了这些问题最佳的讨论场所。人们在网络上各抒己见，但此时的网络空间仅仅是网络舆论综合交流的一个节点，并不能代表网络理政的兴起，只是网络空间和网络理政的准备阶段。

（二）试探阶段

随着网络政治文化的兴起，互联网不再局限于聊天和信息交流，开始向社会的各个领域渗透，网络空间和现实空间开始产生交互影响，新的社会生态逐渐产生。2000 年左右，一些信息化建设较快的国家开始明确定位"电子政府"，包括英国的《21 世纪政府电子政务》和《电子政务协同框架》，美国的《2001 年电子政务法》，加拿大的电子政务战略计划"政府在线"，澳大利亚的国家电子政务发展战略"政府在线战略"等①。

21 世纪以来，飞速发展的信息网络和数字化技术促使各国电子政府建设新阶段的到来，细致完善的电子政务计划不断出台并得到贯彻落实。网络媒体的进一步发展让网络民意的影响力越来越大，公民通过网络媒体向政府施加压力，争取自身权益。政府通过传统渠道回应的方式已略显过时，于是政府开始重视网络在政治沟通中的作用，政府的门户网站、线上信息公布渠道、政务邮箱开始出现，政府也逐渐重视起互联网和网络政治文化，网络问政转变了原先"公民问、政府答"的政治沟通模式，问政于民的出现标志着网络政治双向沟通、多方参与的萌芽。

---

① 陈伟：《国外网络理政案例研究汇编》，复旦大学传播与国家治理研究中心内部资料 2016 年，第 1 页。

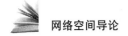

（三）兴发阶段

在经历过上述两个阶段之后，国家治理模式进一步的创新有了发展基础，各地政府在国家的号召和政策之下，逐渐建立起了网络理政的新模式。这种模式离不开公民的政治需求和网络空间的发展壮大，也离不开政府的政策需要和制度接纳。"智慧城市""智慧政府"等战略更加丰富了电子政务和网络理政的实践，使政府在便民利民和高效理政方面更进一步。

在实践过程中，网络理政建设服务型数字政府进行的机制创新主要包括五个方面①。

（1）网络民意测量机制。用以分析网络民意的总体趋向、主要观点、网民情绪并进行分析和研判。这一机制有助于政府准确把握公众诉求，有效防范社会不安全事件。

（2）数据信息公开机制。网络空间中的数据包含公共产品，政府在公布政务信息的同时也有责任和义务公开这些信息，保障公民知情权，让网络理政沟通更加顺畅。

（3）网络政务服务机制。政府通过提供优质高效的服务平台让公民在第一时间接受个性化服务，这将是对服务型数字政府的有力支撑。

（4）政府回应机制。信息技术的发展让公众逐渐习惯高效的信息传递和信息接收方式，政府回应机制可以提升公众政治参与的好感度。常态化的回应机制还应包括政策咨询、问题解答、生活需求信息等。

（5）网络协商机制。网络空间为民主协商提供了渠道和平台，但网络协商机制的设计还需兼顾线上线下的互动，找准网络社会和现实社会的利益结合点，有效甄别网络空间中的偏见和谣言，在高效、理智的沟通平台中协商政治问题，谋求治理实效。

二、网络理政各阶段的主要内容

（一）从信息公开到电子政务

在国家治理方式现代化发展的过程中，信息公开更多地是指政府信息

---

① 沈国麟、李良荣：《政府应善于进行网络理政》，《人民日报》2016 年 7 月 11 日。

公开,政府信息公开是指行政机关通过公众便于接受的方式和途径,依法公开其政务运作过程,公开有利于公众视线及其权利的信息资源,允许公众通过查询、阅览、复制、下载、抄录、收听、观看等多种形式,依法利用政府机关所掌握和控制的信息。具体来说,政府信息公开涉及的信息主要包括:政府决策与执行情况;有关行政法规与制度;行政处罚及其强制措施;政府要务及其重点项目建设;社会保障、教育文化与环境保护;政府财务收支与行政收费标准;政府服务及其办事程序;涉外事务等①。

2009 年以来,美国、英国、澳大利亚等西方发达国家都开展了政府信息公开的行动。2009 年 5 月,美国联邦政府宣布实施"开放政府计划",利用网络平台公开政府信息、工作流程和决策过程,接受民众监督、强化政府职责、提高决策效率。2013 年 6 月,八国集团首脑在北爱尔兰峰会上共同签署了《开放数据宪章》。截至 2016 年,全球已经有 46 个国家和地区开通了政府数据网站,大部分国家已经建立了专门的政府数据开放平台。

2002 年国内"非典"最严重的时候,各地疫情、治疗情况、伤亡人数等信息,公开程度非常低。2003 年疫情过后,全国从中央到地方普遍建立起了新闻发言人制度,试图及时公布中央或地方的重要信息。2008 年 5 月 1 日,《中华人民共和国政府信息公开条例》正式生效,这也标志着我国政府的职能发生了转变,要求各级人民政府及县级以上人民政府部门建立健全行政机关的政府信息公开工作制度,并制定机构负责行政机关政府信息公开的日常工作。2013 年 10 月,国务院办公厅出台了《关于进一步加强政府信息公开回应社会关切提升政府公信力的意见》,进一步强调了政府网站在信息公开中的平台作用。

相比于信息公开,电子政务的涉及面更广,除了信息咨询,电子政务还包括公共产品和公共服务。电子政务是指政府部门广泛采用计算机、互联网、移动通信等现代信息技术开展行政管理,利用信息化手段向企业、事业单位、社会团体和社会公众提供所需的公共产品或服务。联合国经济社会理事会将电子政务定义为:政府通过信息通信技术手段的密集型和战略性

---

① 陈庆云等:《电子政务行政与社会管理》,电子工业出版社 2002 年版,第 108 页。

应用,组织公共管理的方式,旨在提高效率、增强政府的透明度、改善财政约束、改进公共政策的质量和决策的科学性,建立政府之间,政府与社会、社区以及政府与公民之间的良好关系,提高公共服务的质量,赢得广泛的社会参与度。这也是电子政务更深层次的战略意义。

就美国而言,1994年,美国"政府信息技术服务小组"提出《政府信息技术服务的远景》报告,强调建立以顾客为导向的电子政府。如今,美国政府的14个部、立法部门、司法部门、62个独立的行政局、59个委员会及准官办的局级机构已全部上网,美国电子政府的政府信息公开服务基本上进入制度化、法制化的轨道。

（二）从网络问政到网络理政

目前在西方国家还不存在网络理政的说法,更多的是网络民主的概念。1995年,美国学者马克·斯劳卡首先提出了网络民主这一概念,当时,网络民主更多地是指电子选票、网上调查等涉及选举与政府决策有关的议程。而在国内,与信息公开、电子政务等概念不同,网络问政和网络理政更多是针对国家治理体系而言。

网络问政指的是政府与公民在网络空间中探讨和交流现实空间中发生的一些问题。对政府来说,这是促进民主决策、提升执政能力的过程,对公民而言,这是维护自身权利、参与政治的渠道。网络问政的特点与网络空间本身的特点相关,网络问政成为现实空间和网络空间中政府与民众沟通的桥梁,弥补了原先体制的缺陷,强化了民主政治。

网络理政并非把网络作为手段进行理政那么简单,而是强调以人民为中心,涉及政府信息公开、公众参与决策、多主体协同治理以及个性化便民服务等一系列重大问题。它在理念上强调民主、开放、参与和协商,通过多方参与治理的方式来解决治理中遇到的问题,实现政府与公众的良性互动[1]。

网络问政与网络理政虽然都扩大了网络民主政治的通道,但有所区别。

（1）主体不同。由于网络理政的理念已经由"管理"变为了"治理",所以主体是相关方的多方参与,包括政府、利益集团代表、非政府组织、媒体和

---

[1]　沈国麟、李良荣:《政府应善于进行网络理政》,《人民日报》2016年7月11日。

公民等。中国国内首家政府数据统筹局——成立于 2014 年 5 月的广东省佛山市南海区数据统筹局,开放了原本封闭沉睡的政务数据,有序向社会开放,推动了以公众为中心的政府治理和公共服务以及客观科学的决策机制,重视公众和非政府组织在数据使用和政府业务参与上的地位,体现的是政府网络政治工作理念的转变①。

（2）权力来源不同。网络问政的权力是由政府权力机关授予的,或者说是由人民间接授予的,而网络理政的治理权中相当一部分是由社会和人民直接行使的,具有自治和共治的理念。2014 年初,山西省交警部门推出了"人人当交警,随手拍违法"的手机客户端推广活动,将部分治理权让交给社会和人民,让公众去发现问题、参与监管,成为政府的"协作者"②。

（3）运作方式不同。网络问政的信息流方向更多的是自下而上的,方式较为单一,而网络理政包含了更多的互动和交流,因此双向流动的信息更多,方式更为多元,更强调合作和包容。上海市政府的官方微信公众号"上海发布",原本是为了满足公众的知情权,提升政府的亲和力而搭建的。随着公众政治参与愈发积极,以"上海发布"为代表的政府公众号在政民互动上,通过关键词自动回复与人工答复相结合的方式,迅速对公众关心的问题进行回应,拉近与民众的距离,更好地进行双向沟通;在办事服务上,越来越多的政府、企业推出线上办事大厅、信息查询和个性化服务功能③。

（4）本质属性不同。网络问政的实质是公民权利的诉求,而网络理政是一种新的治理理念,是政府的一种执政方式。宁夏回族自治区银川市打造了政务微博矩阵,突破了以往政府的执政模式。通过微博"问政银川",政府充分了解公民诉求,同时转办、督办市民的这些诉求,截至 2016 年 8 月,办结率为 93.8%。政府在创新公共服务模式的同时,也体现了全新的政治执政理念④。

虽然网络问政和网络理政有上述不同,但它们都是通过互联网这一平

---

① 沈国麟:《中国网络理政十大创新案例(2016)》,复旦发展研究院传播与国家治理研究中心内部资料 2016 年,第 5 页。

② 同上书,第 62 页。

③ 同上书,第 66 页。

④ 同上书,第 51 页。

台开展的,互联网是相互连接在一起的网络结构,是网络空间的载体。无论将来有什么新的治理模式出现,都将伴随着网络空间的特点而发展,这将是政府提升执政能力的一大途径和巨大挑战。

第三节 网络理政的价值作用

网络理政作为新时代国家治理的一种模式,对构建现实空间和网络空间的政治、文化环境颇具影响。在传播政治价值、强化主体意识、塑造政治信任、扩大公民参与、创新社会治理方面具有重要意义。

一、传播政治价值:重构政治认同

政治价值是国家和民族政治认同的基础。网络理政通过不同系统和不同社会群体间的沟通、协作、博弈、妥协,一定程度上确立了某种共同的价值目标。通过网络空间扩展政治价值有别于传统政治价值标准,具有网络空间的特点。

(一)政治认同受技术性的影响

当网络理政通过网络空间进行时,网络技术本身对信息的简单化、统一化、程序化的影响就会渗透到政治信息上,传统的政治结构和认同体制在网络空间中被解构,并在意见的形成中塑造新的网络空间精英的再中心化,通过这样的技术特性,网络政治价值得到重新确立,重构了政治认同。

(二)政治认同受知识性的影响

从数字鸿沟的角度来看网络空间,网络技术的使用能力决定了网络政治发声的力度和影响力。这里的知识性主要包括两个方面,首先是互联网技术的知识水平,网络空间的进入需要一定的技术水平,其次是个体获取知识的能力与发表观点的水平,知识水平的高低会在网络问政过程中形成新的团体和意见领袖,基于个体知识水平的网络意见和网络理政将塑造更为民主的政治认同。

（三）政治认同受反思性的影响

网络空间的文化与生俱来就有挑战传统和挑战权威的特点,政府同公众的协商或多或少伴随着二者的冲突,网络空间丰富了社会生活和社会生态的范围及内涵,社会责任的边界被拓宽了,群体的反思和理智思考将对政治价值的确立提供更为高效和科学的基础。

中国共青团中央委员会打造的"青年之声"网络平台就是基于这些考虑:青年是网络生态的塑造者,"青年之声"互动社交平台属于网络理政当中的网络服务,是共青团面向青年的互动社交平台,反映青年呼声、回应青年诉求、维护青年权益、服务青年成长。截至 2017 年 8 月,"青年之声"已建成中央、省、市、县四级终端 5 907 个,累计访问量 122.92 亿人次,共答复、办理青年各类问题 1 173.03 万个[①]。"青年之声"顺应了网络信息化时代的发展潮流,很好地运用了互联网思维,在鱼龙混杂的网络信息共享与传递过程当中,通过关注青年这样的群体,净化网络舆论生态,引导和加强青年一代的政治认同。

二、强化主体意识:体现公共意志

网络空间赋予了政治沟通新的内涵,也促进了民主政治的进一步发展,公民能够突破时间和地点的界限,得到更理想的沟通环境,通过倾听、思考、发声、交流和反思来发现公共意志。虽然网络空间中大部分信息涉及娱乐消遣,但是通过网络理政,舆情的主体却又反映出现实生活中的诉求和反思,公民意志延伸的一大重要原因就是在现实生活中的不公遭遇与无奈通过网络得到延展和扩大,所以公民意志在网络中的体现并不能简单地说是对现实生活中诉求的体现,网络理政需要区分正常的诉求和经过夸大或者扭曲的公民意志,公民意志在网络空间传播的过程中,常常伴随着积怨与偏见,网络理政过程中如果接收了这类信息,就会让治理效率大大降低。此外,网络空间中的主体意识除了兼具现实生活中的属性,也具有整合政治文

---

① 马慧娟:《"青年之声"联手"红娘汇"走进京东集团 70 多位单身青年夏日谈情》,中国青年网,http://news.youth.cn/gn/201708/t20170806_10454481.htm。

化和其他亚文化的功能。

所以,仅靠政府的单一力量是无法解决如今错综复杂的公共服务议题的。政府形态应从条块分割、封闭的架构迈向开放、协同与合作的架构。早在 2012 年 7 月 16 日,北京城管政务维基就投入运营,也是中国国内第一个政务维基系统。北京城管政务维基是属于北京城管地图公共服务平台的一个子系统。在政务维基这个系统上,市民可以分享城市管理知识、提交相关提案,并直接参与政府文件的发起、起草、修改过程,自运营以来,北京城管政务维基吸引各方专家、基层管理人员以及普通市民参与完成了《"智慧城管"顶层设计》和《城管执法记录仪使用管理规范》等文稿的编写,并搭建了城市管理在线知识库的雏形,政府与公众同时参与到社会治理中来,公民的智慧与力量渗透进公共决策中来,为政府的决策提供意见。对汇聚民众智慧、共同管理城市进行了初步的探索。

网络公民意志具有民主、自由、平等、开放的基础,使网络政治文化表现出对其他亚文化的强大吸纳力和生长力,网络空间的丰富多彩为其他文化的内容和形式都提供了特殊的舞台,公民意志的多元和主体意识的变迁也凸显出来,每一个文化圈都有相对的主流意志和主体群体,这也构成了网络理政过程中不同领域、不同层次的政治价值团体和认识基础,体现了网络空间特殊的文化特点与网络理政过程中的建设张力。

三、塑造政治信任:推动网络政治

我国的网络政治研究和实践起步较晚,但是进步很大。当网络空间融入政治之后,可以使更多的相关方参与到国家治理的社会生活中,既降低了参与政治的成本,也提高了沟通的效率。

1999 年 1 月,中国开始实施"政府上网工程",从此"电子政府"建设拉开了序幕。商务部网站也于 2003 年建立,商务部网站主要为四类对象服务:为公众服务,做到有用、有趣、有特点;为地方服务,成为地方进出口业务和招商引资工作的良师益友;为国内外贸易服务,既是对外贸易的权威网站,也要是国内贸易的权威网站;为国外客商服务,是国内较有影响的英文网站。具有涵盖面广、结构清晰、多种平台、在线办事等特点,网站的访问量和信息发布量在逐年递增，2003 年访问量为 6 亿人次，2006 年突破了 72 亿人次，比 2003 年增长了近 10 倍；2003 年信息发布量为 10 万条，到 2006 年已突破 270 万条。至此，网站访问量和信息发布量的排名与美国商务部、英国贸工部等网站相类似，为"政府上网工程"和中国网络政治起了示范作用。

网络政治的发展过程中，需要注意五大元素：信任、自由、平等、开放、尊重。信任是社会的基石，网络政治的契机在于塑造更好的政治信任，网络政治的信任基础是自由、平等、开放和尊重。自由的枢纽是个人，民主的中心在社会，自由着重于个体的独立和特殊地位，在自由和民主之间的张力就是网络政治的契机，也是网络理政需要厘清的关系，这种张力一定程度上可以决定政治信任的程度与网络空间的向心力。平等是自由的准则，传统社会有法律和规章制度保障公民的地位，网络空间虽然具有去中心化的特点，如果网络理政不能遵循平等的原则，把现实社会中权力的分层强行带到网络空间和网络理政过程中，那么网络政治就会因为政治信任的打破而不稳定。开放是互联网的固有属性，网络理政的开放性取决于程序是否民主，理政程序的民主程度是对政府开放性和网络舆论的综合把控，塑造政治信任需要政府开放的姿态。尊重的概念较为广泛，网络理政既然选择了网络空间作为载体，就要尊重网络空间的特有规律和属性，网络空间是一个新的生态社会，政治信任和网络理政的成功需要尊重多元的参与者。

四、扩大公民参与：丰富表达渠道

"大闹大解决、小闹小解决、不闹不解决"是如今网络上流行的说法，如今的青年一代对网络言论自由有一种与生俱来的偏好。人们通过互联网获取感兴趣的信息，间接强化了所谓的"政治意识"。

近年来，以大数据、云计算、移动互联网等信息技术为核心的新一轮科技革命风起云涌，在改变人们的生产生活方式的同时，传统的政务处理方式已经很难满足广大市民的要求，这就对各级党委政府的治理能力、治理理念提出了新要求。对此，广东省深圳市宝安区进行了有效探索。2015 年10 月，深圳市宝安区正式启动建设"智慧宝安"，而"宝安通 APP"就是"智慧宝安"建设中的重要一项，这是一个"互联网＋政务"的综合服务平台，可实现移动终端一站式网上政务事项办理,372 项政务事项办事流程查询和指引一目了然。据媒体报道,宝安市民在工作生活中遇到事情,首先就想到找宝安通,这几乎成了市民的第一反应。截至 2016 年 8 月中旬,宝安通 APP 下载量已突破 48 万人次,宝安市民通过这种扩大的参与渠道,能更方便地找政府办事[①]。

在中国,网络民意表达经历着觉醒、兴起、狂暴与反思几个时期,具有复杂、多元、开放、不易控制等特征。网络空间的自主性是伴随着非理性出现的,这也是网络理政过程中需要面对的特点和挑战,"它既有真实性、草根性的优势,又有非理性、偏颇性的不足"[②]。回想网络空间发展的过程,起初这是一个新鲜的平台和事物,公民在这个新空间中各抒己见,随后,民主政治与网络空间互相匹配,现实社会中的民意表达渠道逐渐转移到网络空间中,个体的意见与诉求通过网络空间大范围扩散,成了政府不得不面对的问题,网络理政一方面是执政方式的变革,一方面是应对网络民意的举措,当网络空间逐渐融入每个人的生活中,谣言与偏见也在网络空间中散布,进入到网络理政的载体中,公民网络政治的参与必将伴随着这样的非理性与偏颇性,开放多元的网络空间也包含着开放多元的政治价值取向,这是无关理性与否、对错与否的。

五、创新社会治理:协同多元主体

当一个传统国家无法完全把握对内控制力时,它对外的地位也会不断削弱,这个时候国家和政府就希望得到非政府组织的帮助和参与,将他们纳入到政府治理的体制中来,随着互联网技术的快速发展,这将对政府管理社会的方式、社会公众表达诉求意见的途径产生巨大的影响[③]。

---

① 沈国麟:《中国网络理政十大创新案例(2016)》,复旦发展研究院传播与国家治理研究中心内部资料 2016 年,第 18 页。

② 王堃、张扩振:《网络民意的困境与出路》,《学术界》2012 年总第 172 期。

③ 邹卫中:《自由与权力:关于网络民主的政治哲学研究》,中央民族大学 2013 年博士论文,第 7 页。

（一）打破信息交流的壁垒

卡斯特说过，作为一种历史趋势，信息时代的支配性功能与过程日益以网络组织起来。网络建构了我们的社会形态，而网络化逻辑的扩散实质性地改变了生产、经验、权力与文化过程中的操作和结果。在网络中现身或缺席，以及每个网络相对于其他网络的动态关系，都是我们社会中支配与变迁的关键根源。当我们用旧的名词或是新的名词去概括网络空间的新现象时，这个现象本身也赋予了名词新的时代特点。正如信息交流，政府社会管理需要认识到信息交流的壁垒已经被打破，"流动的权力优于权力的流动"，信息的流动速度和程度都远远超过原本的权力范围，网络理政在这样的空间中展开，也会为认识社会和社会治理提供更好的认知基础。

（二）衡量社会情感的多样

从结构功能主义的角度来说，社会的结构和功能离不开个体的结构和功能，网络社会中的网民构成了这个新型社会的个体，网络理政以网络空间为载体，网络技术帮助公民获取更多信息的同时，也增加了政治情感和情绪的产生，多元的政治情感是帮助政府了解社会多元思潮和个体情感诉求的良好途径，个体的差异性、社会的复杂性通过网络理政表达出来，对于网络空间的发展和网络政治的建构也至关重要。

（三）提高政治评价的精度

现实空间和网络空间的交互既加大了社会的多元丰富程度，也向政府治理提出了挑战。公民个体在现实空间中的诉求如果得不到满足，他们会倾向于在网络空间中爆发和传递。社会管理需要重视网络理政的评价反馈，只有提高政治评价的精度，网络空间的政治秩序才能得到保障和发展，网络理政的实效才会更加显现出来。

第四节　网络理政视角下新闻传播的角色转型

网络理政的目的之一就是加速推进数字政府的建设。数字政府，也称网上政府、电子政府或 E-政府，是指在计算机、网络通信等信息技术的支撑下,实现日常办公、信息收发、公共管理等政府事务的数字化、网络化的一种现代行政管理模式,并在这种模式的基础上实现对社会各类信息的分解、分类及利用的枢纽。数字政府的意蕴不仅限于技术层面的突破,更重要的是推动了政府理念的革新、政府职能的转变和政府体制的重塑。数字政府建设的终极目的,在于把集中管理、分层结构、在工业经济中运行的管理型大政府,变革为适应虚拟的、全球性的、以知识为基础的信息经济的无缝隙的、网络化服务型政府①。

数字型、服务型政府有三大核心要素:透明、参与和协作②。"透明"指出了政府需要对公众开放更多的信息与数据;"参与"要素则强调政府在满足公众的知情权后,要扩大公民表达途径,便于政府广泛利用公众的回应来制定公共政策;"协作"要求国家治理的多元主体能有效进行协商,进一步提高治理效率。新闻传播业界和学界如何在国家网络治理的框架下,围绕透明与开放、参与与表达、协作与共治三个方面开展工作。这既是时代挑战,也是转型契机。

一、采用开放数据进行新闻创新

随着数字技术被政府工作广泛应用,政府在多方面都累积了大量的数据,例如交通状况、天气和各地传染病资料等。"政府这个数据帝国,虽然拥有的数据比任何公司、企业都多,但和私营领域相比,在信息技术的应用上,还是明显落后一步、慢了几拍。"③这些数据本身并不能展示更多的信息,但它们之间的联系将深刻反映政治、文化、社会、环境等多方面的全新面貌,这就对处理和展示这些数据的方式、方法提出了新要求。西方的主流大报和一些独立新闻机构就此专门设立团队来进行数据新闻的制作和设计,大量的统计员、程序员、设计师逐渐进入新闻业,统计、分析、可视化等成了新时

---

① 袁文艺、毛彦洁:《数字征服欲望上政治文化入侵》,《社会主义研究》2003 年第 2 期。

② P. Orszag, "Open Government Directive," *Memorandum for the Heads of Executive Departments and Agencies*, 2009, p. 2.

③ 涂子沛:《大数据:正在到来的数据革命》,广西师范大学出版社 2012 年版,第 86 页。

代新闻传播业不可或缺的内容生产手段。

如今包括中国在内的世界各国的传统媒体、新兴网站和独立新闻机构正在逐步接受"数据新闻"的理念，并进行相应的实践尝试①。数据新闻作为大数据时代新闻学发展中形成的新领域，代表着未来新闻业发展的一大方向，其个性化展现形式可以将复杂、抽象、难懂的数据转化为简单、具体、生动的新闻报道。

对于互联网时代的国家治理来说，采用开放数据进行的新闻创新还具有两个特征：第一，以服务公众利益为目的。所有数据的处理和呈现归根究底是为了让公众理解我们身处的大数据时代中数据变迁的内涵，了解宏观数据如何影响每个人。第二，以公开的数据为基础。数据新闻存在的根本前提就在于数据和信息公开，如果政府、社会和其他组织不公开信息或者没有提供联网数据库，缺乏数据分析材料，数据新闻也不可能得以推行。

目前，欧美在开放政府数据资源方面迈出了开创性的步伐，并在气象、医疗卫生等公共管理领域取得成功。与美国相比，中国的政府体系在社会中的地位、能力和影响力要强得多，拥有的公共数据资源更多，开放程度却很低。所以，一旦政府下定决心实施开放数据战略，推进力度和取得的综合社会经济效益会更加显著。这些公共数据与媒体自己拥有的数据资源互相融合，就会形成新的产业链，而媒体在其中将占据重要地位。

二、以服务公共施行传媒共治

在研究国家治理的路径中会存在一种倾向，即忽略网络空间的兴起所带来的结构性变化，只将互联网作为国家治理的一种手段。但公众在网络空间中平等、便捷而广泛的交流，为信息传递、政治参与和民主管理带来了诸多变化。国家治理是顺应网络空间开放、平等、透明、互动的原则的，网络理政所面临和提出的新问题已经并将继续引发全球信息与国家治理领域的制度创新。

---

①　方洁、颜冬：《全球视野下的"数据新闻"：理念与实践》，《国际新闻界》2013年第6期。

　　网络协商民主的出现增加了公民的参政热情和参政机会,网络空间进一步扩大了公民公共讨论的范围,并且这种扩大囊括了地域、时间和平台。这种民主的表现形式由于治理主体和对象已经发生了改变,所以各方力量的博弈将更加理性。传媒在其中起到的作用是对数据信息的保障和对各方力量的制衡。新闻媒体通过架起开放政府、开放数据和公众参与的沟通桥梁,实现了分权机构的信息公开透明,以真实的信息和数据支撑更有说服力的治理决策。至此,在国家治理的视角下,网络协商民主作为一种治理技艺,将与新闻业一起推动政府公共服务的水平与效率,协调权力的制衡、支撑决策的制定、积累协商的经验、培养民主的精神。

　　另一方面,新闻媒体在对公开的政府数据传递过程中,借助网络的手段,也进行着多维度的信息交流和互动。新闻媒体在服务公众的过程中还将进一步平衡日益崛起的公众权力、政治权力与经济权力的冲突,建立起以民主和协商为基础的制度安排。在现实中,较早将互联网技术应用于协商民主实践的是 21 世纪城镇会议,这是由美国非营利组织"美国之声"于 1997 年策划并组织的一种协商民主实践。目前,他们已将这一方法广泛应用于全美 50 个州以及其他国家。该方法将计算机互联网技术与小组面对面协商相结合,推动数千人就复杂公共政策问题展开协商。

后　记

　　本书从起意、酝酿到成形，已有多年。在《新闻学概论》的数次修订中，编者与作者们就已经深深体会到，随着互联网技术的狂飙突进，其相关内容早已不是一节、一章能够说清楚的了。而大多数专门关于互联网的新闻传播学教材，又主要将视角和范围局限在技术和本学科框架中。这当然不是坏事，但随着互联网逐步深度渗透日常生活，改变社会结构，掀起数字革命，形成思维创新，这样的思路与格局已经不能完全解释和进一步理论化新现象和新问题。

　　但是，想要给出一个新视角和新框架，又谈何容易。起点在哪里，边界又在哪里，是否有足够的能力、资源、时间来保证等，这些现实情况导致我们虽然有了问题意识，却一直没有实现路径。

　　2016年下半年，终于有了机会。从拟定大纲开始，我们就与编辑、作者们进行了多次的交流，听取和吸收多方意见，但同时也要形成共识和决断。每周一晚上三楼会议室，准时进行书稿讨论，风雨无阻。教材从初稿到最终定稿，一共经历了7个版本。教材的结构，从一开始的松散模糊到逐渐清晰紧凑，原本规划的20余章精炼为10章；教材的内容从原来近30万字不断精简扼要，力图体现最新的进展与前沿的思考。而在教材的审阅和校对过程中，编辑部也给予了很多有益的意见和建议。

　　感谢复旦大学新闻学院和复旦大学出版社，对于这本教材，院领导和出版社同仁都给予了大力的支持。只是水平所限，文字与思考不尽如人意处，期望后续可以继续修订。

　　本书各章执笔、统稿与校对：

　　第一章　方师师

第二章　辛艳艳　何　煜

第三章　袁鸣辉

第四章　张　华

第五章　余　茜　单　凌

第六章　沈逸超　王蕾鸣

第七章　杨　媛

第八章　李思文　冯文丽

第九章　叶　冲

第十章　潘一凡

统　稿　方师师

校　对　杨　媛

2018 年 4 月

图书在版编目(CIP)数据

网络空间导论/李良荣,方师师主编. —上海：复旦大学出版社,2018.6
(网络与新媒体传播核心教材丛书)
ISBN 978-7-309-13689-0

Ⅰ.网…　Ⅱ.①李…②方…　Ⅲ.计算机网络-教材　Ⅳ.TP393.01

中国版本图书馆 CIP 数据核字(2018)第 099927 号

网络空间导论
李良荣　方师师　主编
责任编辑/刘　畅　章永宏

复旦大学出版社有限公司出版发行
上海市国权路 579 号　邮编：200433
网址：fupnet@ fudanpress.com　http://www.fudanpress.com
门市零售：86-21-65642857　团体订购：86-21-65118853
外埠邮购：86-21-65109143　出版部电话：86-21-65642845
上海浦东北联印刷厂

开本 787×960　1/16　印张 13.25　字数 193 千
2018 年 6 月第 1 版第 1 次印刷

ISBN 978-7-309-13689-0/T·626
定价：38.00 元